给孩子的科学素养**漫画书**

阿德老师的科学教室

⑤ 创意大挑战

著／廖进德　编／信谊编辑部
图／樊千睿

四川少年儿童出版社

自序

每个孩子都可以喜欢学科学

很多事情在无心插柳下，由于天时地利人和，就顺其自然成就了一件好事。将儿童科学学习的记录转化成漫画书，并不是一开始就计划好的，如今能变成漫画书，带动孩童对科学产生兴趣，进一步动手学科学，真是一件美好的事!

源自真实课堂记录的科学漫画

《阿德老师的科学教室》这套漫画，源于我在信谊引导上小学的孩子每周开展一次科学学习的记录。漫画书中的阿德老师、安安、乔乔、小钧，就是我和这些孩子们的化身，你一言我一语的对话，都是来自孩子在课堂上真实的表现。课堂中老师和孩童的互动与讨论，时常迸出惊人之语，有时孩子还真能在不知科学知识的情况下，说出科学史上科学家当时的发现。在学习过程中，孩子的观察、思考、探索、想象等，实在令人印象深刻。我一直深信，孩子如有适当的引导，通过动手探索学科学，可以增进上述能力，并且爱上学习。

启动孩子科学探索的开关

我和信谊的渊源始于2011年，信谊邀请我参加面向幼儿的“亲子一起玩科学”活动。长期以来我的教学对象都是上小学的孩子，但我从那次经验中发现，幼小的孩子其实也能愉快地接触科学。通过动手做实验，满足孩子的好奇心，开启探索真实世界的开关。在那之后，我便进入信谊幼儿实验幼儿园与亲子学堂，并针对不同年龄层的孩子设计一连串科学活动课程，教学活动延续至今。

符合教育发展趋势

我从事儿童科学教育多年，清楚地知道，老师要解构转化教材，选用适当的方法引导孩子，如同导演一般让课堂朝着正确的方向走，让孩子成为学习的主人，他的学习才可能是主动、积极的。奥斯贝尔（D. P. Ausubel）的“有意义的学习”论（meaningful learning），强调有意义的学习是“主动地”探索，而不是“被动地”接受。老师如能顺性引导和支持，孩子就可以在学习的路上逐步踏实前进。现今教育发展趋势是特别重视科学素养，要培养孩子在真实的情境下，会用所学的知识和能力展现出具体的学习成果，进而解决情境中可能产生的问题。综观自己设计的科学活动及漫画中孩子们观察、探索、推论、相互辩证与实操的过程，不正是呼应了当今教育发展提出的理念与精神吗？做错了没关系，在试错中学习更多，是孩子在小学阶段学习基础科学的必经之路，特别是在科学方法中的“观察”，这种好的观察可以收获知识、技能和良好的学习态度。因此，我特别喜欢引发孩子的观察力，赞赏、肯定孩子的回应，让孩子先不怕说错，日后他才会愿意说。至于对做错或做不好的孩子，我会说：“做错了，学到更多。”爱迪生发明电灯时，灯丝的实验尝试几百次都失败，人们笑他，他说：“我每次都成功呀！我不是证明它们都不适合做灯丝了吗？”让孩子不怕犯错，从错误尝试中寻找正确的方法，更是一种重要的学习。

鼓励孩子清楚表达自己的观点

此外，能将观察、推论的见解，有条理地表达出来也很重要。因此我也特别重视发言，鼓励孩子说出完整的话，不可使用只言片语就想蒙混过关。日积月累，养成孩子习惯于用科学的眼光和头脑去观察和思考，整理并完整表达所思所见。鼓励孩子要“先有想法”，“再有做法”，“然后经过验证再说出来”，这是学科学重要的学习历程，也是这一套书的精神。

帮孩子建立好的学习模式

这套书除了记录老师与孩子的互动，更多的是记录孩子与孩子间的火花。孩子也会鼓励、赞赏他们的老师，加上适当的引导，孩子个个都能成为主角。老师能支持他们的学习，在他们遇到困难时适时伸出援手，孩子自然会对学习产生信心，进而积极学习。孩子也在同学的提问和回答中，逐渐建立一个好的学习循环模式。

邀您一起成就孩子的未来

在我退休之后，还有这个机会继续从事科学教育，得天下英才而教，真乃万分庆幸。希望《阿德老师的科学教室》这套漫画书，对孩童可以有启发学习科学的动机，对教师可以收教学观课之效，对家长有帮助了解孩子学习过程与成长之机会。通过不是只给出科学知识，而是启发孩子主动探索科学的漫画书，邀请您一起来推动儿童科学教育，帮助孩子习得科学素养，成就孩子的未来。

作者　廖进德

目录

主要人物介绍

阿德老师

风趣爱搞怪的科学老师，最喜欢有看法、有方法、有做法的小朋友，上课时不轻易说出答案。想办法让小朋友自己去观察、思考并找出答案，就是他最快乐的事。

安安

积极主动、勇于发言，有敏锐的观察和分析能力。常是第一个发现问题、解决问题的人，不过喜欢玩耍，常和小钧玩着玩着就忘了正在上课。

乔乔

个性细心谨慎，是团体里的小班长。在意见冲突时，会协调合作，虽然平时有些拘谨，不过也会表现出天真的一面。

小钧

怪点子多，爱玩爱搞笑，是班上的“开心果”。上课时常不专心，对美食最感兴趣，有天马行空的想法，有时误打误撞反而找到了答案。

好玩的磁力游戏

云霄飞车

好无聊。
老师不在，
我们在白板上
画画吧。
一团糟
你们两个
在做什么？
等会儿老师就要来了，
快点把白板擦干净！
磁铁放回原位！
我已经来了，
你们又在
玩什么游戏？
惊
安安和小钧趁你没来，
在白板上乱涂乱画，
还玩磁铁。
想玩磁铁还不简单！
今天就来玩磁铁游戏！

磁铁真好玩

来！一人拿两块磁铁，
看你怎么玩？

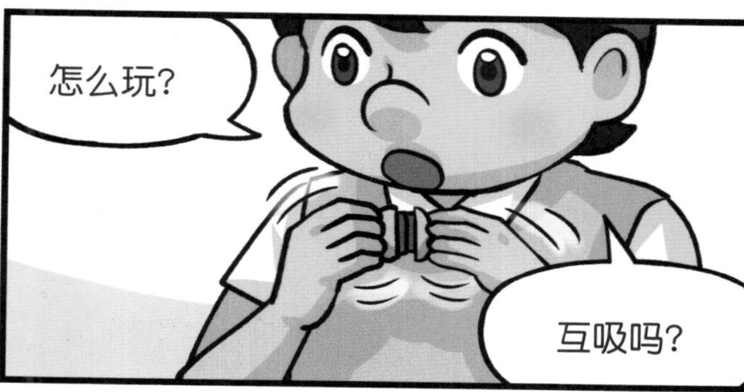
怎么玩？
互吸吗？

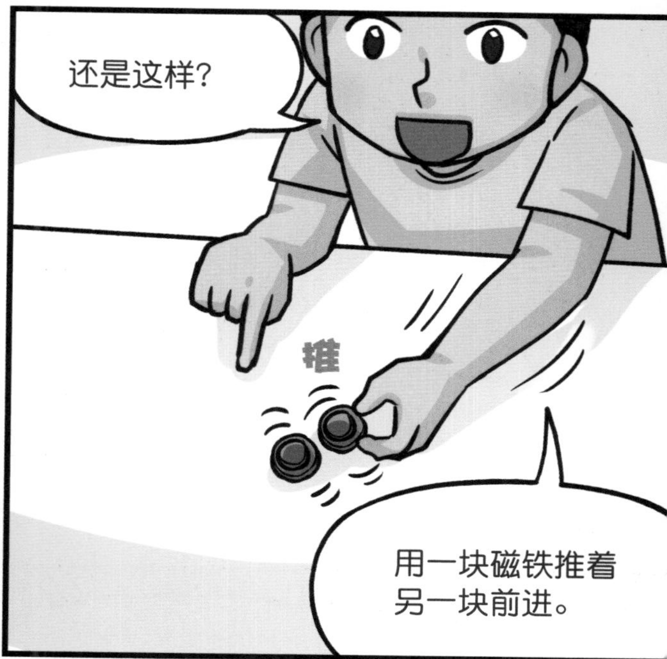
还是这样？
推
用一块磁铁推着另一块前进。

咦？
我的磁铁会转呢！
推
转
转
你们果然很厉害！
但是为什么磁铁会旋转呢？

我知道！因为这个
磁铁下面圆圆的，
就像陀螺有一个
尖尖的点在旋转一样。
真棒！
乔乔厉害！

我发现让一块磁铁从
正后方靠近另一块磁
铁，它就会直直地前
进。只有从旁边慢慢
靠近，它才会转。
讲得真好，
是什么力量
让磁铁前进
和旋转呢？

我知道！
是磁铁同极相斥
才让它旋转和前进！

说得对！
既然你们都这么
厉害，我们就来个
比赛，看谁可以获胜。
耶！

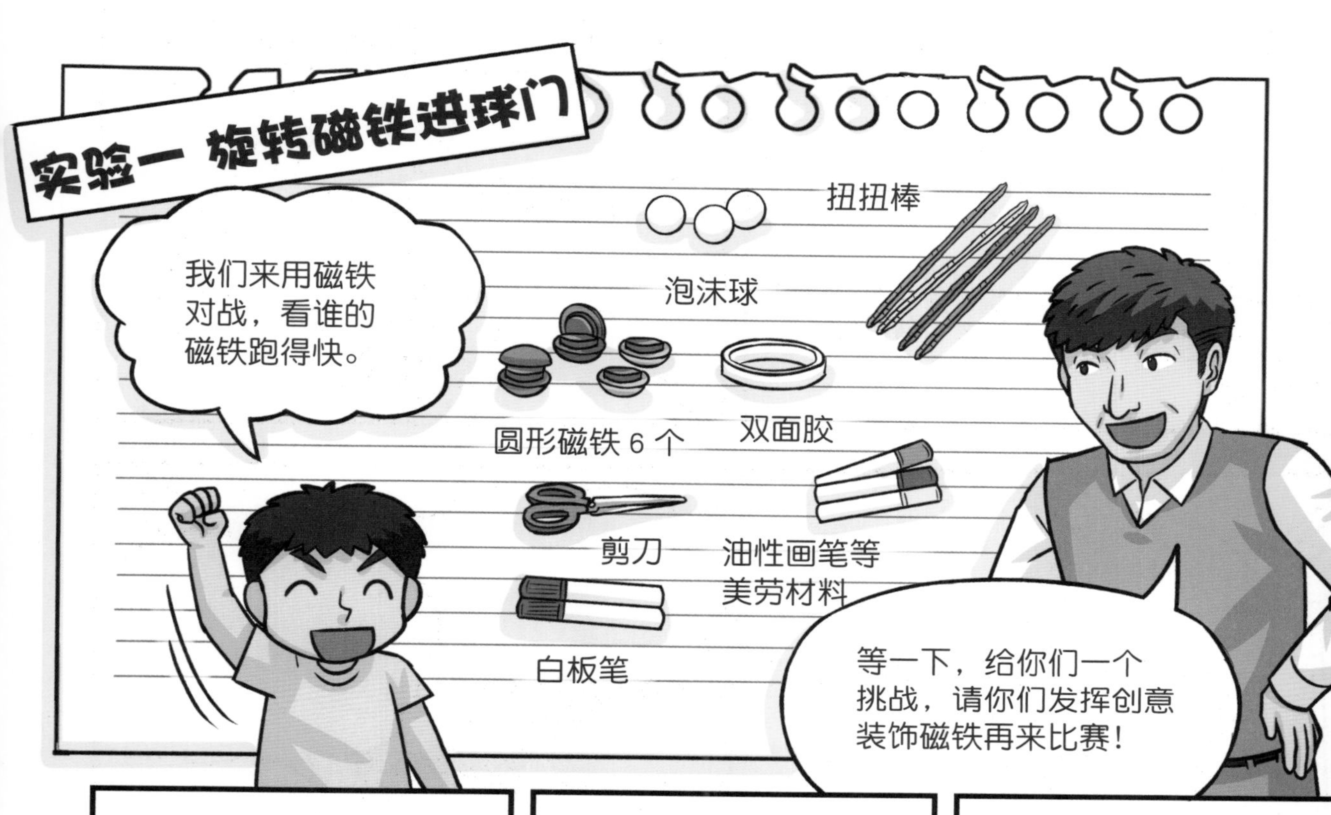
实验一 旋转磁铁进球门
我们来用磁铁对战，看谁的磁铁跑得快。
泡沫球
扭扭棒
圆形磁铁 6 个
双面胶
剪刀
油性画笔等美劳材料
白板笔
等一下，给你们一个挑战，请你们发挥创意装饰磁铁再来比赛！

嗯，我来做一个旋转的芭蕾娃娃磁铁。
我来做一个足球磁铁。
那我做一个炸弹开花磁铁。

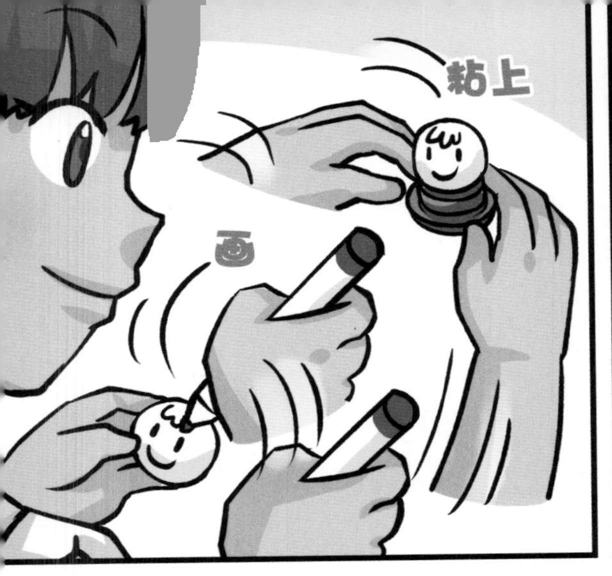
粘上
画

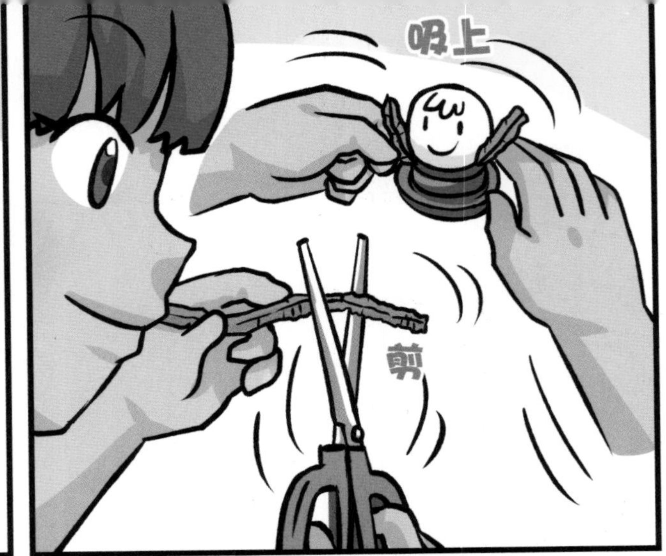
吸上
剪

我的芭蕾娃娃
会转了！
你看！
我的足球磁铁
也准备好了。
我的炸弹开花，
吸在磁铁上，
都不用粘。
转
靠近
转

可是要怎么比赛呢？
我用白板笔来
画一个球门，
再画上起跑线。
画
画
看谁先把磁铁
推进球门里。

预备——开始！
前进
转
转
前进
转
前进
转
转
小钧，你不可以碰到磁铁，只能靠磁力去推动它。
转
转
撞
前进
知道啦！

我的足球一直转！耶！我赢了！
我的芭蕾娃娃磁铁怎么不听使唤，都没往球门跑？
冲向
转
转
炸弹！给我回来！

说说看，
你们刚刚是怎么让玩具
磁铁冲进球门的呢？
我让手中的磁铁
从旁边靠近玩具
磁铁，等它转动后再
左右移动手中的磁铁，
控制它向前
转进球门！
转
那我们现在
再来比赛一次，
这次不用转，
而是让你们的玩具磁铁
直直地冲进球门。
好——
这次我的炸弹
开花要直捣球门。
不能转哦！
但我的娃娃
还是会转！

我教你，
要平平地推，
磁铁不要
翘起来，
这样玩具磁铁才
会直直地前进。
翘起
直推
直推

好！我们再比一次，
预备——开始！

耶！这次换我赢了。
冲向

恭喜小钧。你们觉得推动
手中磁铁的动作和玩具磁
铁的移动方式有关系吗？

转
转
转
转
直行

有关系！我发现，
如果手上的磁铁斜斜地
靠近我的足球磁铁，
它就会转动；
如果直直地往前推，
它就不会转动。

但如果斜斜地靠得
太近，可能会互相
吸住。
斜斜地
吸住

我的磁铁都不听话，
一直乱跑。
你要向着球门的
方向推，它才会
往球门前进！

对啊！
不然你的磁铁
就变成乌龙球
跑进自己的
球门里啦！
小钧……

认识力

一个物体受到外力，可能会变形或产生运动，比如：捏球时，球会变形；脚踢到小石头，小石头会被踢走。力的种类有很多，常见的有风力、水力、弹力和这个单元我们玩的磁力等。

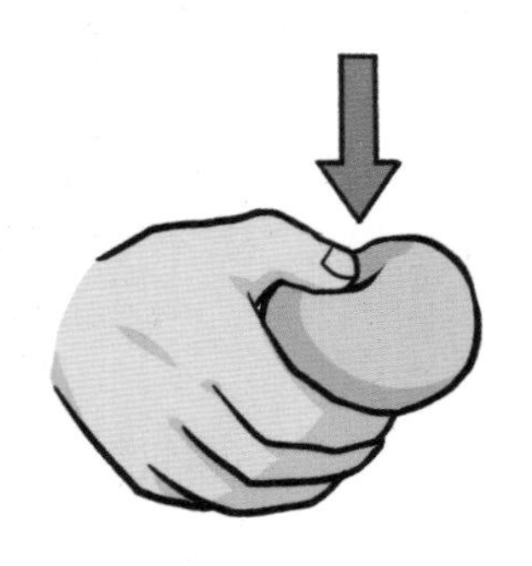

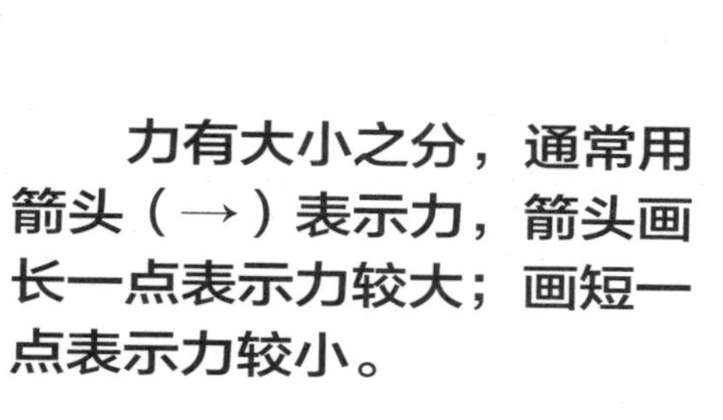

力有大小之分，通常用箭头（→）表示力，箭头画长一点表示力较大；画短一点表示力较小。

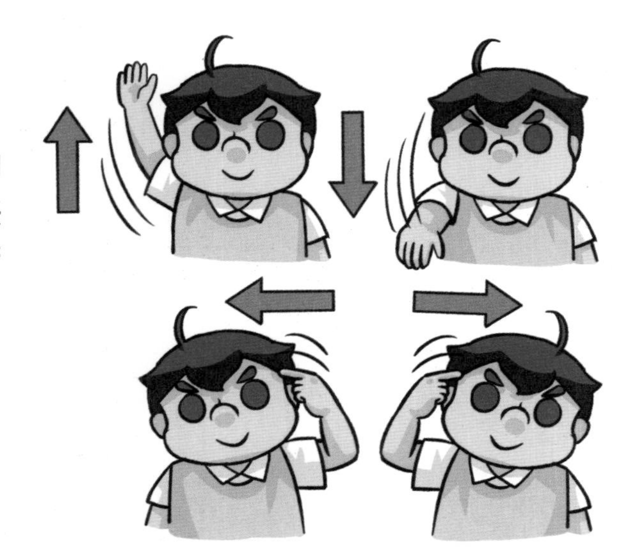

此外，力作用时还有方向之分，例如：往上画的箭头表示力的方向向上，往下画的箭头表示力的方向向下；同理，往左画的箭头表示向左，往右画的箭头表示向右。

我这里有
粗铁丝和
不一样的磁铁。
你们来研究看看
可以怎么玩。

磁铁和铁不会
相斥，只会相吸，
我们可以把磁铁吸
在铁丝上，看谁的
磁铁不会掉下来。
吸住

我来玩钓鱼。
垂
垂
吸

磁铁可以套在
铁丝上！
咦！磁铁怎么
转起来了？
套进
转
转
落下
超酷！我们
也想做做看。
没问题！
想要研究就给
你们材料！

实验二 磁铁转圈圈
有洞的圆磁铁
（环形磁铁）3 个
胶带
剪刀
粗铁丝 3 段
（每段长约 50 厘米）
把铁丝反过来，
再玩一次，磁铁
同样会转起来！
转
转
我们一起来试试。
磁铁为什么不会
直直地往下掉呢？
你们看，
磁铁穿进铁丝后，
吸
住
洞口的上面和下面
是不是会吸在铁丝上？

我知道，
因为磁铁会吸铁。
没错！
但是磁铁本身也有重量，它受到的重力向下，
所以当磁铁同时感受到重力和吸力的时候，结果会怎么样？

我知道，
它有吸力吸住，又有重力往下拉，两种力量不相等。
吸力
重力
说得对！力量不相等，哪一种力比较大？

重力！
因为东西会朝力大的方向移动，所以磁铁会往下跑！
来我的怀抱吧！
哇——
没错。所以动一下铁丝，斜的磁铁就会转着圈圈往下移动啦！

我们来比赛，看谁的
磁铁先转到下面。
先让磁铁吸住铁丝不动，
再想想用什么方式
让磁铁最快落下来。
预备——开始！
摇
卡卡
拨
咔咔
咻咻
敲
耶！我赢了！
再比一次！

直的铁丝，
磁铁可以落下来，
弯的也可以吗？
我来试一试。
我的弹簧铁丝
可以！好好玩！
弯
弯
弯
弯

再来一个挑战！
把铁丝的两头接
起来，让磁铁在
里面不停转动。

可是铁丝两头要
怎么接？
用胶带来
粘粘看。

啊！不行，
磁铁卡住了。
弯
滚
卡！
如果不用胶带粘住固定，
铁丝的两头要怎样连接，
磁铁才会很顺利地通过呢？

你们看我把铁丝弯成
三角饭团的形状，
你们觉得两头能接起来吗？
拉开
拉开
接不起来。
老师偷偷
告诉你们小秘诀，
铁丝两头先靠拢交叠后，
再轻轻拉开，现在你们
看看能不能接起来？
弯曲
弯
可以！
弯
卡住！
因为弯曲的铁丝会有弹性，
可以让铁丝两头相互顶住，
但是前提是要对准哦！
我弯了
一只猫咪。
我弯了
一颗星星。
我弯了
一个爱心。
你这个哪是一个爱心，
倒是很像一根香肠！

来玩磁轨

哎呀！我的磁铁外壳掉了！
掉落
脱落！
没有壳的磁铁还是可以吸，还可以玩不一样的游戏哦！
看我这一根！
给你们每人一条长磁铁，还有一块圆磁铁。
看看你们可以探索什么新游戏。
可以把圆磁铁吸在长磁铁上。
滚
可以让圆磁铁在长磁铁上面跑啊！
摇
摇
拿起
可我试了几次都吸不住。

你的磁铁放反了，
把它翻转过来就
会相吸啦！
你说的是圆
磁铁，还是
长磁铁？
长磁铁也有
不同的磁极吗？
我来试试看。

把圆磁铁
翻转过来。
转

可以吸住了！
吸住！

也可以不翻转圆磁
铁，直接把长磁铁
转换方向，
转
转

同样可以吸住！
吸住！

两种方法都行！
我们来比赛，
看谁的圆磁铁
不会掉下来。

我这样拿磁铁
也不会掉。
厉害的来了！
你们看。
啊！老师！
拨

我有一个
重！大！发！现！
什么重大
发现？

我用手指拨一下
圆磁铁，让它在
上面跑，
拨
结果你们看……

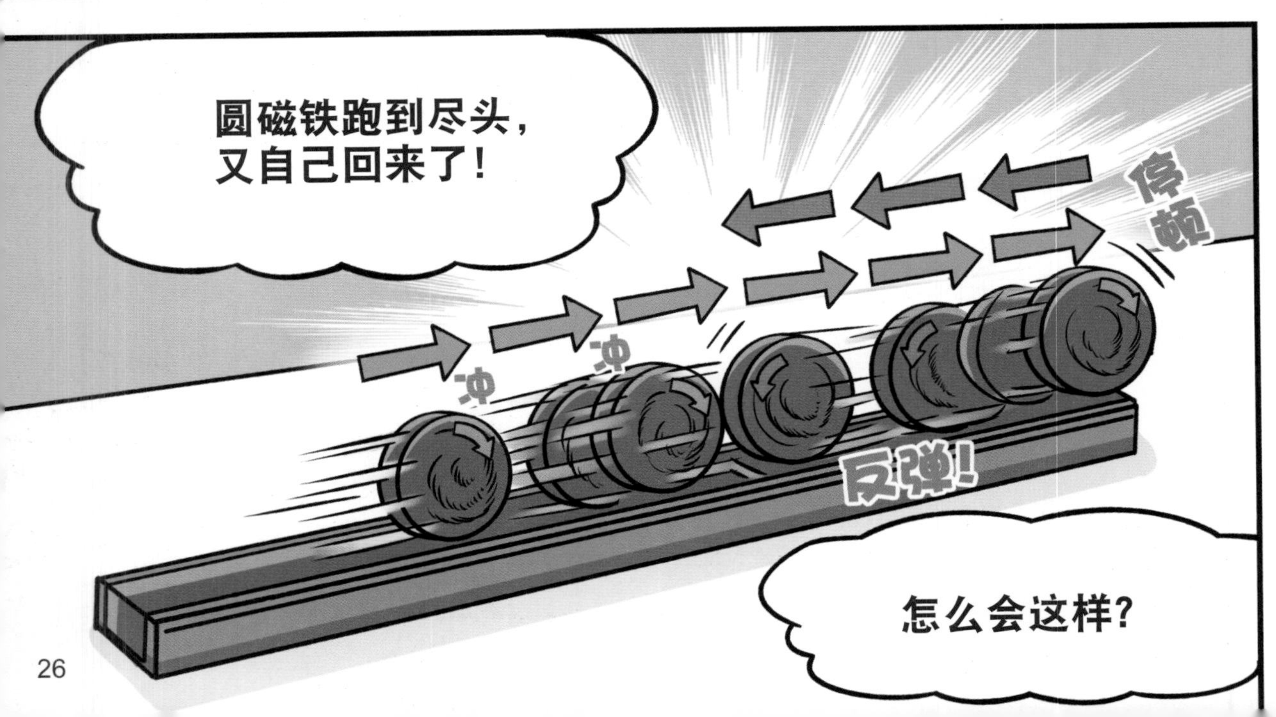
圆磁铁跑到尽头，
又自己回来了！
停顿
冲
冲
反弹！
怎么会这样？

好问题！
我们来研究一下。
如果把圆磁铁这样放到长磁铁的一边，手再松开，你们猜会发生什么事。
放上

圆磁铁会往前滚，然后吸着站好。

圆磁铁会吸不住而掉下来。

它会被长磁铁吸住不动。

我们来看看你们预测得对不对。
倒数 3、2、1，放开！
放开
冲出
啊！磁铁怎么自己往前跑了？

圆磁铁为什么会往前跑呢？
来！你们看，圆磁铁和长磁铁的关系是怎样的？
一半
一半
没磁力吸引
有磁力吸引
圆磁铁一半被磁力吸引，另一半没有……
我知道了！
圆磁铁是被长磁铁吸走的，所以会往前跑！
你们再研究一下，怎么样可以让它跑得远？
会不会跟圆磁铁的位置有关？
讨论
讨论
我不知道，你们三个一起研究吧！

我们发现如果圆磁铁
再往外放一点，
它会跑更远。
2/3 1/3
冲出
外
内
1/3 2/3
冲
外
内
如果往里面放一些，
它就只会跑一点点。
就好像我在学校比赛
跑步，如果提前助跑，
就会冲得很快！
这是因为……
往外放，
向内的吸力比较大，
往里放，
吸力就会比较小。
真棒！
你们解释得很棒！

我的长磁铁可以
和你们的接起来，
就会变得更长！
接上
可是圆磁铁滚
到了中间，就
拨不过去了。
卡住！

我知道，把这一条翻转过来，
让磁铁相吸就可以啦！
翻转
可是这样圆磁铁只能直
直地往前，也不能转弯。

别急！
老师来想办法。
你们看，可以把里
面的磁铁抽出来，
里面是一条长的软
磁铁。
抽出

这样就可以扭成
弯的轨道了。
弯

你们来弯弯看，
怎样让你的圆磁铁
在轨道上面跑？

看我的摇摆小水滴。
我来转大一点的圈，
磁铁好像在坐云霄飞车。
摇
摇
滚动
啊！
断！
我的磁铁断了。
哎呀，不能玩了。
消沉
两条也可以玩哦！
我们可以来做一个
“双轨转转磁铁”。
双鬼
转转？
不是那个“鬼”！

实验三“双轨转转磁铁”
圆磁铁
长的软磁铁
双面胶
长条厚纸板
轻黏土
剪刀
彩色笔
一起来做“双轨转转磁铁”吧！
要怎么做呢？
拿一张厚纸板，剪成约 15 厘米长、6 厘米宽。
6cm
15 cm
剪
长磁铁要贴在两边，所以上下各折出 1.5 厘米宽，把长磁铁用双面胶粘贴固定在两边。
折
1.5cm
3cm
1.5cm
折
贴
把圆磁铁吸放在中间，就变成“双轨转转磁铁”啦！
吸住

你们看，圆磁铁
双轨都可以走哟！
吸住
吸住
我们也想一起
做做看！

咦，我的怎么
吸不住？
你的轨道是不是
贴反了？
拆下
确定两边都可以
吸住，再把它粘牢。

你们还可以
装饰一下。

我用轻黏土捏了一朵
花，粘在圆磁铁上。
粘上
摇
摇摇
捏
捏
在厚纸板上画一些花，我
的花磁铁就会在“花圃”
里转来转去了。

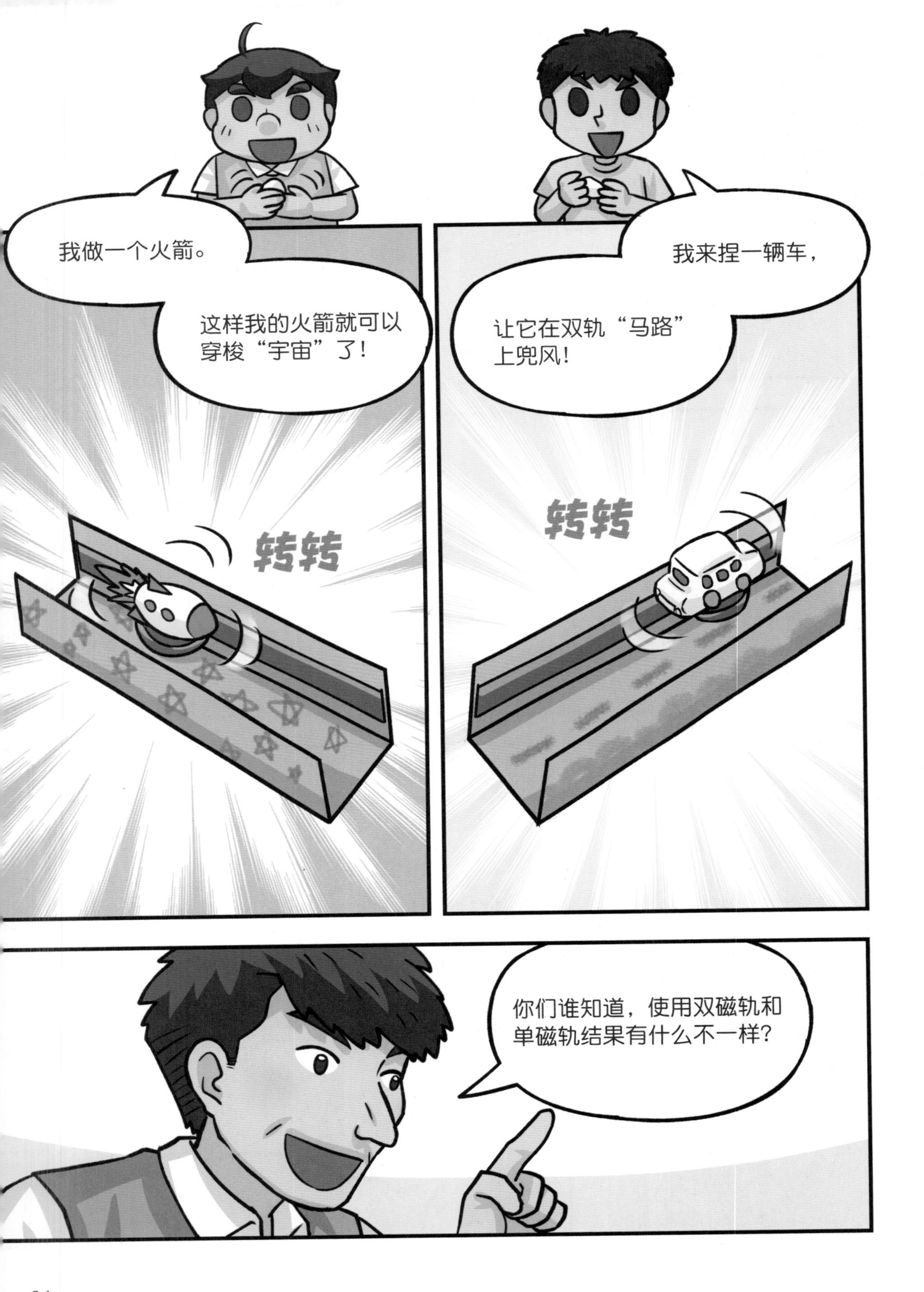
我做一个火箭。
这样我的火箭就可以穿梭“宇宙”了！
我来捏一辆车，
让它在双轨“马路”上兜风！
转转
转转
你们谁知道，使用双磁轨和单磁轨结果有什么不一样？

按
掉落
单轨的支撑力比较弱，圆磁铁一按就掉了。
按
弹回
双轨的按下去，它会再弹回来，不容易掉。
真棒！
讲得好！我喜欢！你们都观察得很仔细！
我们两个来比赛，看谁的磁铁先被甩出去。
好啊！谁怕谁！
啊！我的火箭真的飞出去啦！
飞出

认识磁极与磁力

磁铁可以吸引一定范围内的铁是因为磁铁具有磁性。当靠近磁铁时，铁会被磁化而产生磁性，进而被吸住了。

一个磁铁有两极，一边叫“南极”，用字母“S”表示，一边叫“北极”，用字母“N”表示。同极靠近时会互相排斥，异极靠近则相吸，磁铁相吸、相斥的力量，叫作“磁力”。

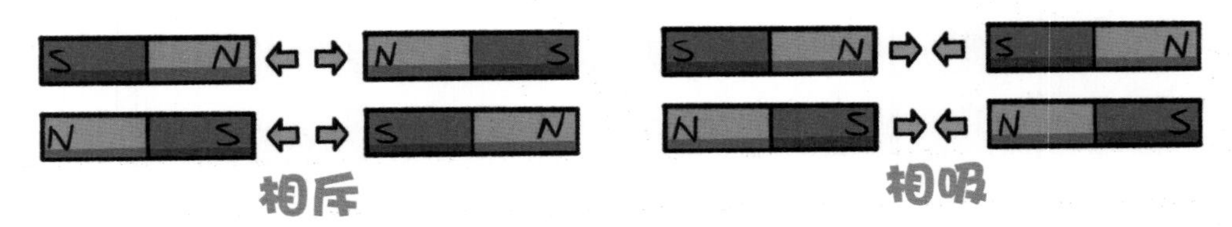

而圆磁铁同样有两个磁极，当圆磁铁斜斜地靠近另一块圆磁铁时，会发生同极相斥和异极相吸。当相斥的力量大于相吸的力量，就会推斥产生旋转。反过来，当相吸大于相斥时，便会彼此吸住。

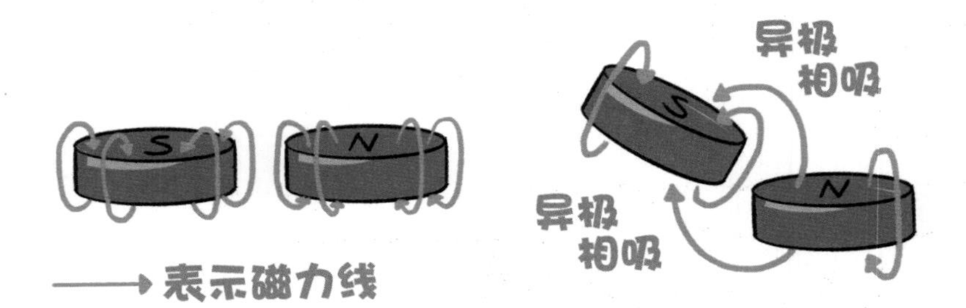

长条磁铁的磁极分布方式不一样，当把圆磁铁放在长条磁铁上，圆磁铁和长条磁铁上的异极会相吸，这样圆磁铁便可以在长条磁铁上面滚动。

实验四 磁轨滑滑梯
我们来做一个磁轨滑滑梯，看谁的磁铁可以冲得最远。
圆磁铁
剪刀
长的软磁铁
电工胶带
透明胶带
好的！
可是怎么固定呢？两只手都在扭磁铁很不方便。
可以用胶带固定。
老师这里有两种胶带，一种是常见的透明胶带，
当当
一种是电工胶带，
你们想用哪一种？
两种有什么不一样？
我爸爸用电工胶带缠电线，
它比较厚、有弹性，可以拉得紧。
卷上
如果想要东西粘贴得比较紧，就要选电工胶带。
变形
拉紧
你们自己决定要用哪一种。

我们到地上比赛吧！
在桌上磁铁容易摔碎。
好呀！
先把长磁铁的一端粘贴
固定在地上，然后试试看，
怎样让自己的圆磁铁滚得远。
我知道！如果要让
圆磁铁滚得远，
长磁铁必须很斜！
坡度陡，
圆磁铁的
冲力就大。
我来拉超级无敌高，
让它变超级无敌陡。
我来试一试，
让圆磁铁跟云霄
飞车一样，先停
一下再往下冲。
那我要做一个滑梯
斜坡，让圆磁铁一直
滑下去。

3、2、1，滚！
冲啊啊啊
冲冲冲
咻咻咻
哇！乔乔赢了！
怎么会是乔乔赢呢？
我的坡最陡，不是应
该冲得最远吗？

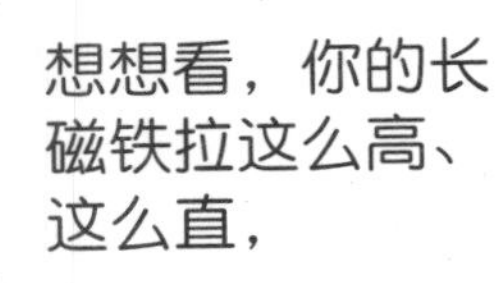
想想看，你的长磁铁拉这么高、这么直，
圆磁铁落下时，会先撞到地上，减少动力，所以多少有点影响。
安安的斜坡忽陡忽缓，圆磁铁到中间就减速了，再往下冲当然就比别人慢啰！

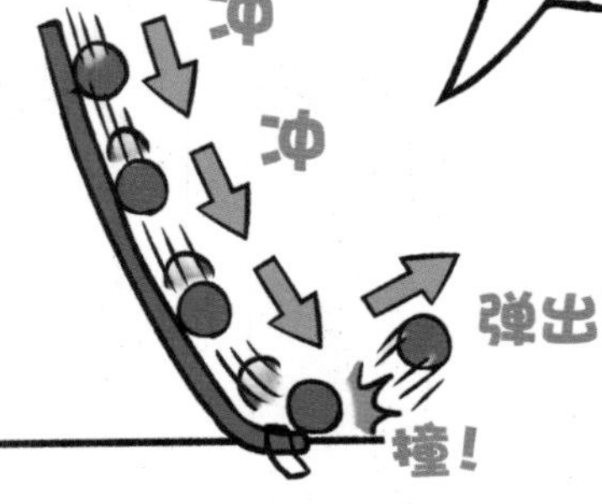
冲
冲
弹出
撞！
小钧的

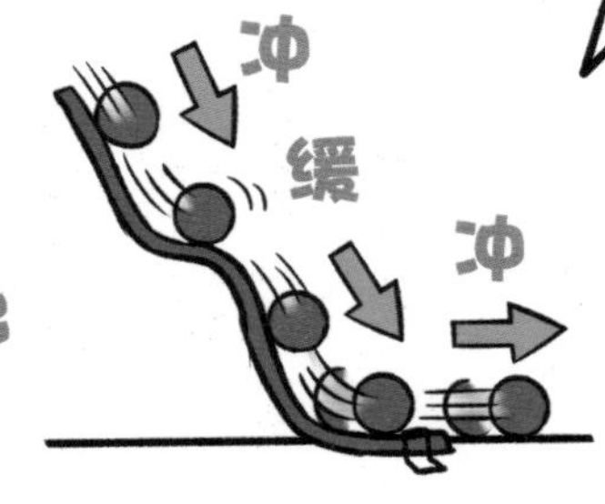
冲
缓
冲
安安的

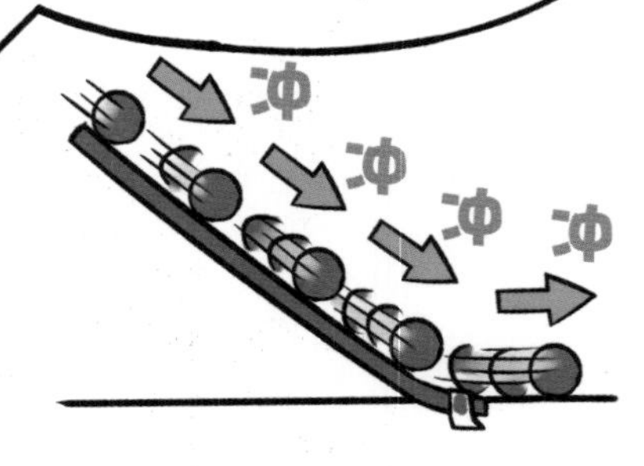
冲
冲
冲
冲
乔乔的

乔乔的滑梯斜坡斜度刚刚好，圆磁铁可以顺利地往前冲。

可是我想要让滑滑梯的坡道既有往上又有往下，像云霄飞车的轨道那样！
如果要做云霄飞车，我们需要支撑轨道的材料，先回家搜集，

发挥你们的创意，一起来设计云霄飞车的轨道吧！
好啊！

实验五 云霄飞车冲冲冲
你们准备了什么材料用来做云霄飞车呢？
圆磁铁
胶带
软长磁条和扭扭棒
冰棒棍
剪刀
热熔胶棒
积木
纸盒
热熔枪
木头积木
我带了木头积木。
我带了积木。
我要用纸盒做。
你们要黏合轨道和支撑架，
会需要用到这个。
救命呀

这种枪叫作
“烫烫枪”，
这里面的胶
叫作……
“烫烫胶”？
所以摸上去就会
“烫得不得了”！
它真正的名字叫作
“热熔枪”，是靠加热
来熔化胶棒黏合物品，
使用时一定要小心。
热熔枪前面有架
子，后面有插孔，
插进胶棒架着，
插电预热 5 分钟，
等胶熔化再使用。
架子
插孔
涂
粘上
使用时从后面握住枪
把，对着你要黏合的
地方按压让胶流出来，
再把要黏合的物体靠近
按压一下，让它放凉黏
合。胶挤太多，容易沾
到手烫伤！
必须在大人陪同下使
用，千万不可以触碰枪
头和热胶，以免烫伤。
拔起！
使用完请拔起插头，
等凉了再收拾。
我们学会了！

我的纸盒不够高，
我用冰棒棍来增加高度，从这里出发。
弯
没错，要搭建轨道，第一步要决定高点。
固定
①定高点
第二步是固定轨道的高点，并扭转轨道。
扭
扭
剪
②扭转轨道
③定低点
固定
第三步是定轨道低点并固定。
冲
④测试修正
第四步是测试和修正。
只要掌握这四个步骤，就容易成功！

我用积木
粘成一个架子，
将轨道放在上面。
先把热熔胶涂在
要粘的位置。
涂
把积木粘成我
想要的轨道架。
粘
再把长磁条弯好
粘贴固定住，
接下来就是测试。
粘
弯
弯
粘
哎呀！
冲不过去。
冲
停住！
如果冲不过去，
你的坡度可以怎么
调整呢？
我让前面陡一点，
后面的坡度小一
点，圆磁铁就可
以冲过去了！
真棒！
冲
冲
顺利
做得很好！

看我的，
我的云霄飞车也
做好了！
这里还有个
秘密武器——
扭扭棒！
扭扭棒可以
用作云霄飞车
轨道的什么？
可以扭来扭去，
绕成圈圈吸在轨道上，
让云霄飞车通过。
一起来开个
云霄飞车乐园吧！
其乐
融融

看你们玩得
这么起劲，
说说看你们
印象最深刻
的是什么。
同极磁铁互相靠近，
除了会相斥，
还会因为方向不同
让磁铁旋转。
前进
相斥
转

原来长条磁铁磁极分布
和圆磁铁不一样，
还有双轨的长磁条
可以支撑圆磁铁，
让它浮在上面跑来跑去。
摇

原来不同坡度的
长磁条会影响圆磁铁
往前冲的力量，
角度太大、太小都不好。

你们回家可以
继续研究，
看看还可以创造出
什么花样。
下课喽

回家后……
我要来做一个人向外转的云霄飞车，
保证吓死你！
我的断轨云霄飞车成功！
冲过
爸爸，你转太快啦！

课堂笔记

乔乔

今天老师带我们玩磁铁，原来用磁铁相吸和相斥的力量，就可以做出好玩的磁力玩具。我做了一个芭蕾娃娃磁铁，一开始转得不太好，安安和我分享成功的秘诀：先让磁铁从旁边靠近，左右移动，就会成功啦！我还做了一个双轨转转磁铁玩具送给爸爸，提醒他开车要小心，不要开太猛，磁轨里的玩具才不会掉出来。

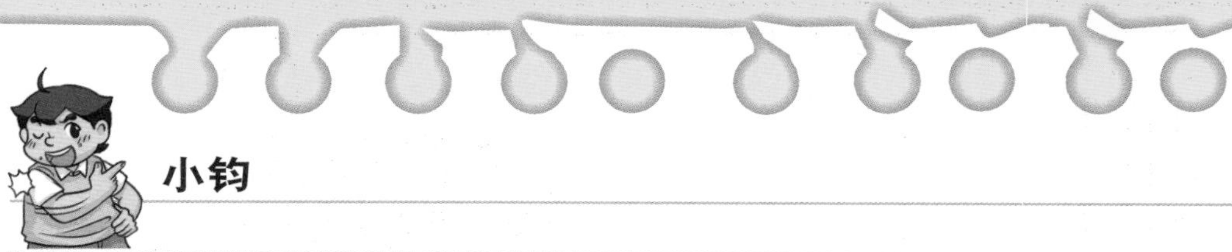

小钧

我知道磁铁会相吸和相斥，但我还真的没见过磁铁会转圈圈，好有趣！我们把有洞的磁铁套在铁丝上，磁铁会一边转圈圈一边往下掉，真的很特别。我们还设计了磁轨滑滑梯，我为了让软磁铁转一个大圆圈，不小心把软磁铁折断了，还好断掉的软磁铁可以做成双轨的磁铁玩具。最后我做了一个火箭，在磁铁轨道上用力一摇，火箭就发射出去了，太好玩了！

安安

磁铁游戏真的很好玩，尤其是可以设计自己的云霄飞车！我在扭磁轨的时候发现，要让圆磁铁可以顺利滚动上坡的话，第一个坡的坡度要陡一点，这样才能让往下的冲力变大，圆磁铁就可以顺利通过斜坡，继续往前冲。我想要有一条好长好长的软磁铁条，把它绕满我的房间，我的云霄飞车就可以在房间四处绕个不停，一定很有趣！

阿德老师的话：

磁铁是小朋友最爱的科学玩具之一，随便拿两个，就可以直接感受磁铁间相吸和相斥的力量，就像上课时，小朋友惊奇地发现圆形的磁铁竟然会转动，还相互较劲。玩磁铁射门游戏时，我也忍不住插一脚，看看谁能获得胜利。

磁铁除了圆形、环形，还有软的长磁条，它们都是这个单元里要探索的材料，希望通过多元的游戏让大家验证磁力、磁轨、坡度、重力等变因和结果。最棒的是在操作过程中发挥自己的巧思，做出各种好玩的磁铁玩具。

进行磁铁云霄飞车设计活动时，小朋友都跃跃欲试，一心想做出可以在轨道上飞奔落下的云霄飞车，有的人太心急，一不小心，磁铁就掉到地上碎了！就这样，小朋友在懊恼、后悔后，果然可以比较精准地掌握如何预测实验中磁铁可能的落点，没再摔破第二块磁铁。这样的失败过程，也可以让你们学到事先“预测实验结果”的重要性！

我的朋友萧教授告诉我，有一年，某大学推荐考试的考题，和我们玩的磁轨游戏不谋而合，题目中让高中生分析：把圆形磁铁放在磁轨两端，当手松开后，为什么磁铁会产生自动向中心跑的现象。很多高中生试图用复杂的分析来解答，却没有几个能答对。看起来很简单的现象，如果缺少问题分析与知识应用的能力，就无法理解背后的科学真相。

反而年纪小的小朋友可以推论出圆形磁铁是被磁轨吸过去的，让阿德老师觉得十分欣慰，并不是说阿德老师课堂上的小朋友特别聪明，而是他们平时就养成观察、思考、操作与修正的习惯，可以面对问题进行思考与推论。希望你也能和阿德老师、安安、乔乔、小钧一起来动脑和动手学科学，不仅可以启动你的“探究雷达”，也可以让生活变得更多姿多彩！

探索光的奇妙世界

奇光妙影

快上课了！
进入

嘿！
吓
突然出现！
啊呀！

小钧，
你在做什么？
生气
我在跟你玩
躲猫猫啊！
嘻嘻

要玩躲猫猫
还不简单，
来这间没有
窗户的教室！

都躲好了吗？
开始找吧！
你看到我的
鬼脸了吗？
我碰到谁啦？
吵闹
闹哄哄
是谁在我后面？

怎么样？
抓到了吗？
这么黑，
什么都看不到。

没有光，
黑漆漆的，
怎样才能
看得见呢？

要有光才能
看得见东西！
没错！
我们今天就来研究光，
看看你们对光的认识
有多少！

光有什么特性?

我在书上看过
科学家牛顿，
他用三角形的三棱镜
发现太阳的光其实是
由彩色光组成的。
你们觉得光
是什么？
它有什么特别的
地方？
七色光
三棱镜
咦？我们看到的光
不就是白的吗？
怎么会是彩色的？
要怎样才能知道答案？
可是我们现在
又没有三棱镜。
当当——
老师这里有一个亚克力
三角柱，我们可以把它
当成三棱镜！
给你亚克力三角柱，
再给你一个小手电筒，
你们来当小牛顿，
证明光其实是彩色的。

照
转动

换了几个角度
终于看见了？
真的像彩虹
的颜色！
出现
照

在哪？
照
转
转

做得好！
你们觉得日光灯的光
是彩色的吗？

要怎样
才看得见啊？
拿起
看不出来呀！

难道日光灯的光
不是彩色的？
摇头
老师这儿有一个用来
观察的秘密武器。
羽毛？
天啊！
老师你去哪里
拔的羽毛？
知道老师的
辛苦了吧！
羽毛和光
有关系吗？
啊！我看到彩虹光了！
七彩
炫目
来，给你们一
人一根鸡毛掸
子上拔的羽毛，
对着日光灯，
从羽毛的细缝
观察灯光。

哪里有？
我怎么看不到！
眨眼
努力
你是不是用羽毛的
前段看的？用后段的
羽毛来试试看。
羽毛的后段排列比较密，
也比较整齐，
利用细缝就可以
看到光的变化。
后段 整齐
前段 杂乱
好漂亮！
绚烂
七彩
感谢鸡妈妈提供的秘密武器，
让我们像牛顿一样，看见灯光
也是由彩色光组成的。

认识光

光是一种电磁波，速度非常快，每秒可以跑大概 30 万千米，分成可见光和不可见光。生活中，光的来源有很多，如太阳、星星、灯、火等。有了光，我们才可以看见物体的形状和色彩，如果在黑夜里，或是没有光的地方，我们是看不见的。

科学家牛顿将太阳光引进暗室，通过三棱镜，出现红、橙、黄、绿、蓝、靛、紫七种色光，这些色光称为日光的“光谱”。牛顿的实验让光分散开来，得知太阳光是彩色的，还有我们用羽毛的细缝，也可以看出日光灯的光散出彩色的光芒，这些现象都能帮助我们认识光。

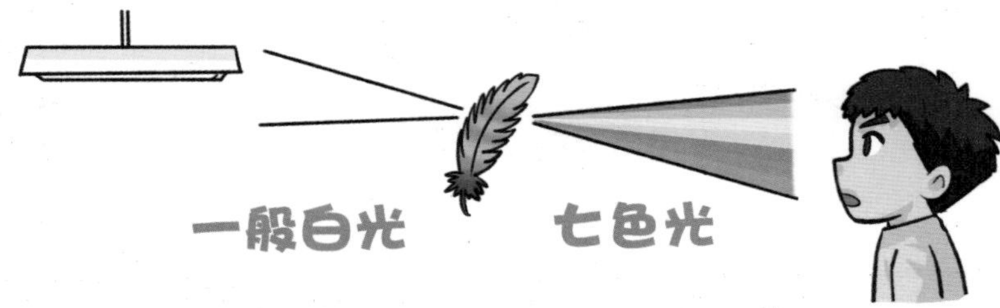

光碰到物体会怎样？

嘿！那先考考你啰，
你们知道光照到东西会怎么样吗？
我知道，阳光照到衣服，衣服会挡住光，就会有影子。
咦！也不一定，
如果照到的东西是透明的，光会穿过去，
就看不见影子了。
很好！光照射到物体会产生影子，
那影子跟光源有什么关系？

我知道！白天不同的时间里，影子的长短会不一样。
早上的影子和下午的影子方向不一样。
而且影子的位置也会变动。

要怎么做才能清楚看到影子在一天中的变化？
难道要我一动不动，一整天站在太阳光下做实验？

其实可以用模拟的方式来实验哦！
老师就来让你们做做看。

快来做实验
太好了，逃过一劫

实验一 日照模拟器
铁丝
吸管
瓦楞纸板
小玩偶
我们就来模拟太阳照射，进行影子实验。
手电筒
胶带
剪刀
铁丝
为什么需要铁丝？
先把铁丝弯成圆弧形，
弯
弯
套上
中间套一段吸管，
左右两边弯折，
折
折
再把铁丝插入纸板，
用胶带固定好。
这是模拟太阳升起和落下的轨道吗？
插上
没错！乔乔说得好！

在纸板中间，
放一个人偶。
摆上
将小手电筒用
胶带垂直粘贴
固定在吸管上，
用手扶着手电筒，
在铁丝轨道上移动，
模拟太阳升起和落下的
样子。
我们也想做做看！
照
移动
照

我看到了，
“上午”玩偶的影子会由长变短，
然后到了“下午”又由短变长了！

不只是变长变短，
不管光在哪一边，影子都会出现在光的另一边。
说得对！

让我来表演三秒钟太阳升起又落下……
又升起又落下！咻咻咻——
快速
移动

好厉害的“缩时”摄影……
哈哈哈
小钧……

刚刚安安还说到，
光会穿过什么……
光可以穿过
透明的东西，
比如玻璃。
光也可以
穿过玻璃杯
里的水。
这里有一个
玻璃杯。
我用激光笔
做实验，
你们看看
光经过哪里。
透明
光经过杯子里的
空气，但是看不见！
有没有方法
让光现形？
怎么看？
用透视眼吗？
可以靠这个！
老师今天拿的秘密武器
都好奇怪！

*为了安全，做实验需要点火时，请确保有大人在场陪同。

刚刚小钧说光会穿过水，
那你们来做实验证明一下。
安安，请你先去装水。
?

装水

用透明的水也一样没
看到穿过去的光束。
怎样才可以看见
光穿过水呢？
透明

来，靠这个
秘密武器。
milk
牛奶！

喝掉没关系，
但要留两滴给我。
我正好
口渴了

把最后两滴
倒进水里。
倒入
milk
混浊
让水变混浊。
有啦！一样有红色的光束
穿过去了！

所以光会直接
穿过透明的水，
我们看不见它，
如果水有些混浊，
我们就可以看见光了。

说得好！
真棒！
就像早上有雾气时，我
们可以看见太阳的光束，
那是太阳光照射到雾里
的水滴，水滴反射太阳
光的缘故。

光线除了
被挡住、穿过去，
你们觉得光遇到
物体还可能
会怎样？
有可能会
反弹吗？
反弹

有一次太阳很大的时候，我爸爸的车顶也发出很刺眼的光。
刺眼
这是个好例子，你们觉得是车顶本身会发光吗？
哦！我懂了，是因为车顶把太阳光反弹了！
厉害！
光遇到物体也可能会反弹出去，这样的现象叫作“反射”，
讲“反射”才专业。
反射
还有没有另一种可能，就是光被吃掉不见了？
被吃掉？像宇宙黑洞吗？
不要吃我呀！

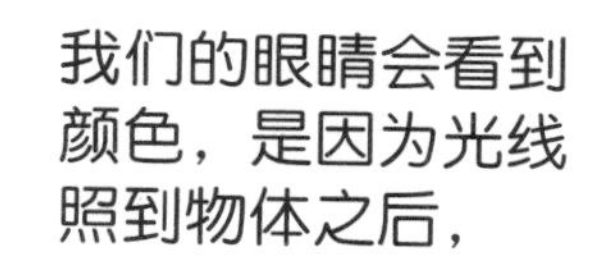
我们的眼睛会看到颜色，是因为光线照到物体之后，

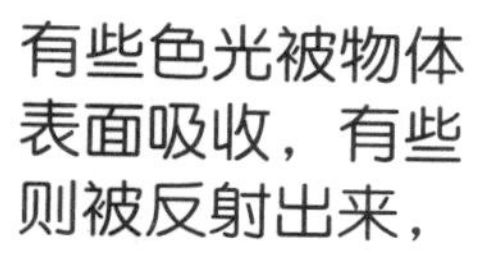
有些色光被物体表面吸收，有些则被反射出来，

照
吸收
反射
当眼睛接收光后，将讯息传到大脑，让我们可以感知物体的颜色。
所以“吸收”就像是被吃掉了！反射到眼睛的色光，才是我们看见的颜色吗？
真聪明，说得真好！

请问这一颗苹果是什么颜色的？
当然是红色的呀！这还要问吗？
为什么是红色的？

我懂了！我们看见苹果是红色的，是因为七彩光里的红光被苹果反射进我们的眼睛，
其他颜色的光被苹果吸收了。
赞！
说得对！那这一颗芭乐呢？

白光是彩色的光，
当光照到芭乐上，
绿光被反射出来，
其他颜色的光被芭乐
吸收了！
很好！
那这根香蕉呢？
请小钧解释一下。
摆上
拿出
白光照到香蕉会反射出
黄光，让我们看见它的
颜色，其他颜色的光被
香蕉皮吃掉了？

答对了！
真棒！
小钧就
想着吃！
我答对了！
可以吃香蕉！

剥

咦？
那白色呢？
白色的果肉，
它是吸收了什么色光？
又反射了什么色光啊？

这是个好问题！
不吸收
照
反射
当白光
照到物体后，
大部分的光都被反射了，这个物体看起来就是白色。
咦？那黑头发是因为白光中各色的光都被吸走了吗？
照
全吸收
没有反射
没错！
白光是彩色的，
头发把绝大部分色光吸走了，
只有少量的光反射到眼睛里，所以看起来是黑色。
光也太神奇了，又是七彩又会穿过又会反射，还会被吸收！
还有更神奇的！
老师来跟你们说个故事，
从前有一位寻宝探险家，
他得知有一个矿坑里
蕴藏了珍贵的玉，
但这个矿坑已经封闭，
他只从当地人手上买到
了几块矿石。
怎样才能知道矿石里
有没有玉呢？

把它敲开？
这样玉不就破了吗？
用这个！
用光照吗？这样照得出来吗？
老师这里准备了一块矿石。
拿出
你们来找找看里面有没有宝藏！
照
改变角度
照
照
我看到了！石头透出好漂亮的绿色！
照出
这是因为强光手电筒的光一部分被薄片矿石吸收，一部分被挡住，一部分又穿过了，你们才可以看见里面玉的颜色。
哇！太好了，我可以用这个方法到处照石头，
闪亮亮
这样我也可以变成寻宝探险家！

有趣的混色光

现在来找一找教室里还有哪些东西，
用手电筒能照出不同颜色的光。

我用笔管照出了蓝光。
照

我找到打火机，照出了红色的光。
照

这里有一个剪了好几个洞的纸盖，
老师在洞上贴了玻璃纸，中间插入吸管粘贴固定，变成一个旋转色轮。
你们用它来试试，当旋转吸管时，光的颜色会改变吗？

七彩
炫光
晃动
转
转呀
转呀
照

实验二 色光游戏
咱们用水玩色光的游戏！
食用色素（红、绿、蓝、黄）
装上水的玻璃杯（4杯）
透明自封袋数个
手电筒

是不是把色素滴进水里看颜色呢？
说对了一半，我们要做的是色光的实验，所以还需要……
手电筒来照！
照

用透明袋子要做什么？
应该也是要装水的吧？
聪明！你们来想办法让袋子里装进不同颜色的水。

那我们先在这四个杯子里滴进不同的色素，
再把有色的水倒进自封袋里。
滴

我这袋是蓝色
的水！
啊！
蓝老师和蓝安安！
快！拿手电筒
照照另一袋。
照出黄色的光了！
照出
黄色袋叠着蓝色袋，
会照出绿色的光吗？
啊！可以！
这样叠起来可以变化
不同的色光，好好玩！
照

实验三 混色光游戏
色水袋
筷子或细木棍数根
燕尾夹数个
玻璃杯色水
手电筒
还有另一个方法可以照出混色光，就是把色水袋拿去杯子里“泡澡”！
泡澡?
来！把蓝色的色水袋夹在棍子上，
再把它泡进玻璃杯中的色水里。
放入
咦？蓝色水袋泡进黄色水里，变出绿色了。
把灯关了，用手电筒来照照看。

哇！好美的绿光。
照

如果改变色水袋的位置，可以照出几个色光？
照出
哇！一次照出了三个颜色，有黄色、绿色和蓝色。

也可以变化手电筒照射的位置和方向，看看有什么发现。
改变方向
照
好漂亮呀！老师，你真厉害！

你们自己试试看，怎样照出美丽的光影。
哇哦

把红色水袋泡进
黄色水里，
放入
哇！照出了橙色的光，
我的绿色青蛙也变成
橙色青蛙了！
变色
一次用两袋
试试看。
放入
你们看，
我成功了！
红色加上绿色的色水袋，
能照出好多种色光。
光彩
绚烂

嘻嘻！看我的，
这样也可以照出
好多颜色的光！
腾空
缤纷

小钧从上往下照，
让我想到可以从下往
上照！谢谢小钧！
投射
光彩梦幻
好漂亮！
像烟火一样！

你们看我的脸！

变七彩小钧了！
哈哈哈

光会“骗人”？

光还有其他的性质哟！
我来变个魔术给你们看！
砰！
这边有个杯子，你看到杯子下面的硬币了吗？
嗯！
来！眼睛张大一点，注意看！
倒水
请问硬币还在吗？
咕噜噜
消失
哇！硬币不见了！
可以再把它变回来吗？
当然可以啊！
可以把它变多吗？
当然不行！

我再倒入一些水，
你们睁大眼睛看！
倒
倒
倒
浮出
硬币跑到上面了！
而且看起来
变小了！
为什么刚才
看不到硬币呢？
这跟光
有关系吗？
有！
光穿过空气、经过玻璃和
水会产生一种神奇的现象，
这个现象就是折射。
折射
光的折射会影响我们
眼睛接收物体的讯息。

就像有时候去溪边玩，
看到溪水很浅，溪里的石头也小，
其实溪里石头大，水也深，
千万不要轻易下水哦！
看到的
实际
哼哼！
看我的！
还有其
他魔术
吗？

光的折射

光通常以直线的方式前进，但是，当光线遇到障碍物而改变行进方向，这种现象叫作“反射”；当光进到不同的物质里发生偏折，例如光从空气进入水里，它的前进方向发生了改变，称为“折射”。折射的光会产生一定的折射角度，这样会让我们的眼睛接收到的讯息和实际有偏差。

在硬币的实验中，加水之前，硬币的影像可以经由玻璃折射传达到杯子外。加水后，光线会先经过玻璃再经过水，然后反射到水面上，因此从杯子外边就看不到杯底的硬币了。

实验四 数字密码
白纸片
透明自封袋
油性笔
装水的玻璃杯
准备好材料，大家一起来变魔术！
你们看看这是什么数字？
是 888。
你确定？
老师把数字卡放进透明袋里，再将它放进水杯。
放入
然后转动杯子……
转
转
哇！变成 206 了！我们又被“骗”了！

魔术师要公开秘密啰，
答案就在袋子里！
拿出
888
206
把写着 888 的卡片放进袋子里，袋子上写 206，刚好叠在 888 上，最后一起放进水杯。

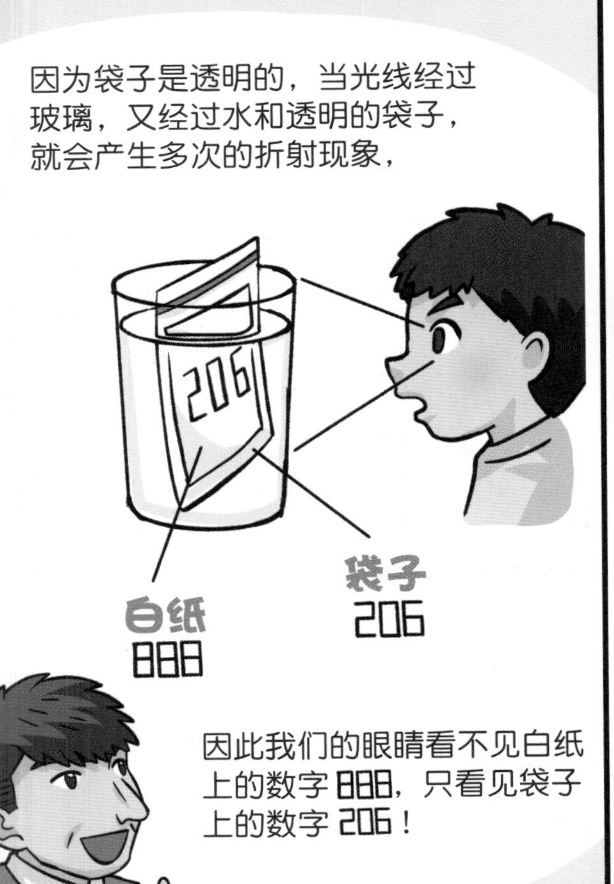
因为袋子是透明的，当光线经过玻璃，又经过水和透明的袋子，就会产生多次的折射现象，
206
白纸
888
袋子
206
因此我们的眼睛看不见白纸上的数字 888，只看见袋子上的数字 206！

想不想继续玩更厉害的“唬人”游戏？
想，我们想继续被你“骗”！

拿取

你们看
这张纸，
中间红色的圆，
哪一个比较大？
拿出
右边的这个
比较大！

请乔乔帮忙，
将两个圆
剪下来比一比。
剪

啊！一样大。
比对
又被“骗”了！

再给你们两片
一样大的扇形纸片，
请你们摆放一下，
看看怎么放可以
让 A 看起来比 B 大。
摆上
摆上
A
B
这样放看起来
是一样大。

这样上下摆，
下面的这一片
感觉变大了！
小
大
那可以让 B
看起来比 A 大吗？
换
换位置就好啦！
你们果然
厉害！
通过图形排列与
改变位置，
我们在视觉上会
产生错误的判断，
成功骗过大脑。
看起来B>A
看起来A>B
原来如此，
好有趣啊！
哈哈哈
第一次被“骗”
还这么开心！

视觉错觉和视觉疲劳

视觉错觉是通过一些几何排列、视觉成像，制造出有视觉错觉的图像，让我们眼睛接收讯息后，传递到我们的大脑，引起视觉上的错误判断。

• 比比看，每组中两条红色的线哪一条比较长？

• 比比看，这两个长方形哪一个比较大？

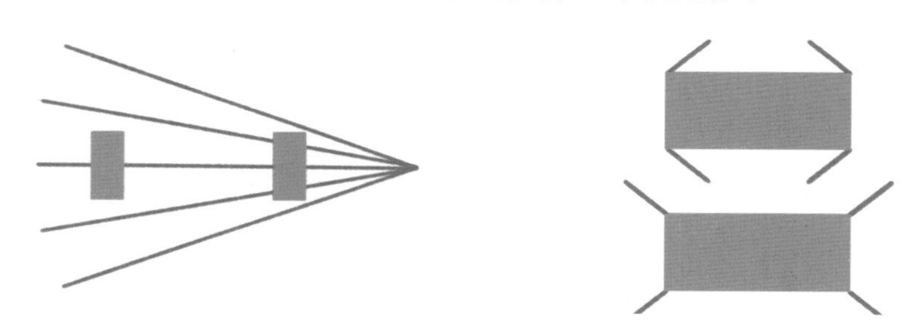

人的大脑在接受过久的刺激后会钝化，这时脑子里除了有视觉暂留以外，还会自动产生所见颜色的互补色，这些脑部生理的错觉是视觉疲劳引起的现象。

• 你也可以试试看，很有趣哟！

今天光的游戏
好玩吗?
说说你们印象
深刻的地方。
用羽毛就可以看到日光灯发
出的光是彩色的！好有趣！
还有灰色的矿石里
竟然可以透出绿光，
真的很神奇。
照
原来光被阻挡会产生影子，有时光还可以
穿过东西，有时光会产生反射和被吸收，
阻挡
穿过
反射
吸收
有时候眼睛看到的
不一定就是真的！

我喜欢玩色水袋泡澡
照光的游戏，
好像五光十色的舞台，
很漂亮！
照
我也喜欢老师带我们
玩光线折射的游戏！
206

回去你们还可以继续玩
更多有趣的色光游戏，
但不要跟爸爸妈妈说
老师教你们“骗人”哟！
下课啰
哈哈哈

看我用羽毛做的光栅卡，
能看到好多彩色光芒！
照
纸里面
夹羽毛

把密码变出来
给你看！
我变！
转动

嘿嘿嘿
彩虹小钧
来啦
惊

课堂笔记

安安

光原来有许多有趣的性质，除了被挡住会产生影子，还可以穿过物体，也会反射和被吸收，真的很奇妙。之前在书上看过牛顿用三棱镜证明太阳光其实是彩色的，没想到老师用一根羽毛也同样可以让我们直接看到彩色的光芒。我把纸对折剪出小洞，再把一根鸡毛固定在洞洞上，就可以拿着它到处看彩色的光了！

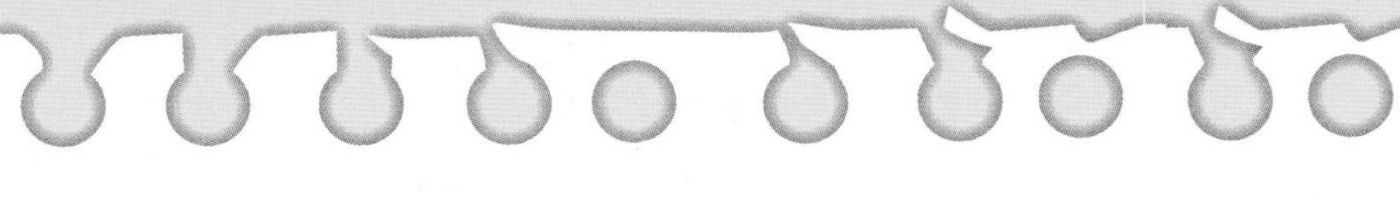

小钧

今天老师带我们玩好多光的游戏，我知道黄色加上蓝色的颜料会变绿色，原来用手电筒照色水袋，也可以看到漂亮的混色光。更棒的是，从不同的角度照射，透出来的色光也大不同，真有趣！最后，老师拿出矿石让我们做实验，矿石真的透出绿色的光，以后我要用这个方法找到宝石！

乔乔

今天学到很多，我终于知道爸爸的车顶会发光其实是太阳光的反射。人的眼睛可以看见物体不同的颜色是因为太阳光有些色光被物体反射，有些色光被吸收！还有，人的大脑会产生错误的感觉，让自己被“骗”了！我最喜欢用光的折射来玩魔术，我长大要当魔术师！

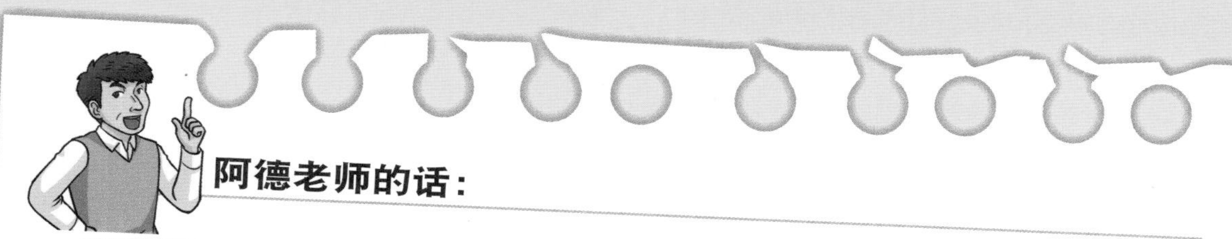

阿德老师的话：

学校里，小朋友常三五成群在太阳底下玩影子游戏，如手影、踩影子等，但可能对光的认识还不多。牛顿用三棱镜做实验，得知白色的阳光其实是彩色的光混合而成的，怪不得天空中会出现彩虹。但是除了阳光，一般常见的光呢？灯光、烛光等，这些光也是彩色的吗？阿德老师和小朋友一起探讨光的性质，让大家通过鸡毛上的缝隙来找到答案。

光线经过空气时，为什么人的眼睛看不见？因为空气是透明的，不会反射光线，但是在有烟、灰尘或水汽等小颗粒的环境下，颗粒对光产生反射，我们才能看见光经过的路径。

我常问学生：光碰到东西会怎样？得到的答案有：光碰到不透明的物体会形成影子，碰到透明的水会穿过去，碰到像镜子的表面会反射等。当白色的光照到芭乐，为什么芭乐不是白色而是绿色的？原来芭乐不爱绿色的光，把绿色的光反射出来，而其他红光、橙光、蓝光等都被芭乐吸收掉了。这个答案很多人都不知道，不信你回家问爸爸妈妈，他们可能会说：芭乐本来就是绿色的呀！

有光线时，人的眼睛才能看见物体，但是人的眼睛和脑子一起工作，不小心也会弄错，脑子的感觉出了差错，这叫作“错觉”。像比一比哪个大和哪个长的实验就很有趣，小朋友都玩得很高兴！所以，有些魔术师也会利用错觉和光的折射来变魔术。

阿德老师希望小朋友能开心地探索科学，在不同的单元种下一颗颗探索的种子，逐渐茁壮成长，就像安安会尝试把羽毛做成光栅卡，小钧制作五彩色盘，乔乔变魔术给爸爸看。你们也可以和他们一样，把感兴趣的东西实际做做看，培养会观察、爱思考、热心探究的习惯，锻炼一双爱实操的巧手，为生活创造更多乐趣！

不可思议的力与传动

隔山打牛

安安，我从柜子里
翻到一袋弹珠。
我们来比赛！
好啊！怎么玩？
在桌上画一个圈，
把弹珠排在圈里。
看谁可以用自己
的弹珠打到其他弹珠。
探头
你们在玩什么？
看我的弹指神功，
我的黄色弹珠
一次撞到两颗，
这叫“一炮双响”！
滚走
撞
撞
弹！
哼！简单！
看我来一次撞五颗，
这叫“一炮五响”。
怎么可能！弹珠撞到
后面力量会变小，怎
么可能“一炮五响”？
你们在玩什么啊？

刚刚安安一次
弹中了两颗，
小钧说他要挑战
连碰五颗。
原来如此！想想看，
如果要一次碰撞到
五颗，弹珠该怎么
排列呢？
我知道，把弹珠排成
一排，就可以一次撞
五颗了！
排
要排得很直才可能
连续碰撞到最后一
颗哦！
咦？没成功！
弹珠不听话！
弹
撞
撞
撞
滚走
想要一次
连中五颗可是
一门功夫呢！
嘿嘿！
这招叫作“传力神功”！
老师什么时候
变成武术大师了？

力会传给别人？

老师你快点发功给我们看呀！
别急！我先来讲一个我师父的故事给你们听。
我师父是“神力大师”，他练就了一身高强的武功。
排成一排
搭肩
合掌
有一天，他叫弟子们手搭着肩排成一排，只见他吸一口气后，出掌一推！
嘿吼——震天飞掌！
飞出
哇！
震
震
推！
结果排在最后的弟子竟然向后震飞了，而且飞得好远。这招叫作“隔山打牛”。
老师，你会不会是电影看得太多了？力可以这样传吗？
不相信？老师就用弹珠证明给你们看！

实验一 弹珠接力赛
这些书是“神力大师”的武功秘籍吗？
弹珠数颗
书本
小钧这么想练功啊！书是要用来当工具的。
每人拿一本书翻到中间，将五颗弹珠排列在中缝上，当作五个人。
摆上
再拿一颗弹珠当“师父”。这种排列法跟刚才乔乔一次撞五颗的排列法一样吗？
不一样，现在弹珠彼此紧紧靠在一起。

你们猜猜看，如果用一颗弹珠当“师父”出手弹过去，五颗弹珠会怎样？
举手
如果很用力，这边的五颗弹珠都会滚走！
你的意思是：用力弹过去，五颗弹珠和“师父”弹珠共六颗会一起滚走？
我们来看看安安的说法对不对。

倒数 3、2、1，
看我的弹指神功！
用力弹
撞
撞
滚走
啊！
只有最后那一颗滚走了！
跟“隔山打牛”一样！
嘿嘿！刚刚安安说弹珠滚出的数量跟力气的大小有关，那我这次力气小一点。
轻轻弹
撞
撞
滚走
同样是滚走一颗，
怎么会这样？
不告诉你们答案！
你们来做做看，
观察弹珠会怎么滚动，
会滚出几颗。

那我来试试看，
这一边放两颗弹珠，
摆上
另一边
放四颗弹珠。
3、2、1，发射！
一次弹出两颗，
最后撞走两颗弹珠！
两颗
滚走
撞
弹
换我来试试看！
一次弹三颗弹珠，
来撞前面的三颗。
摆上

3、2、1，发射！
滚出三颗！
啊！我知道了！
这边发射几颗弹珠，
那边就会有几颗弹珠
滚出来！
弹
撞

那如果这边是四颗，
另一边只有两颗呢？

我来试试看。
啊！好神奇！
四颗弹过去，
滚走了四颗弹珠，
留下两颗。
四颗滚走
撞
弹

另一边只有两颗，
不到四颗，
会怎么样？

为什么会这样呢?

用一颗弹珠撞击，
不管用力大小，
都只会滚走一颗。
当一颗弹珠的动力往前
传动，就可推动一颗弹珠
由静止产生运动。
撞
滚走
撞
滚走
当改用两颗弹珠碰撞，
可以传动几颗弹珠呢?
哦，我懂了!
是两颗。

所以安安刚刚
发射四颗弹珠，
就表示会有四颗弹珠的
动力向前传动。
撞
滚走
真棒!

那如果排成这样呢？
会有几颗弹珠滚出去？
这还不简单，
还是滚出
最后一颗啊！

因为弹射一颗
弹珠时，
动力传到绿色弹珠，撞出了
一颗，接着它继续往前走，
再撞出一颗黄色弹珠！
撞
撞
滚走
我放两颗在前面，
三颗在中间，
一颗在后面。
我放一颗在前面，
两颗在中间，
三颗在后面。
我放五颗在前面，
一颗在后面。
太厉害了！
你们自己来设计，
让弹珠可以连续碰撞。

想一想，上面的实验，
弹珠会怎么传动呢？

弹出两颗弹珠，
撞到三颗绿色弹珠，
撞
弹
弹出一颗弹珠，
撞到中间两颗绿色的弹珠，
撞
弹
一次五颗弹珠，
撞到前面一颗黄色弹珠
撞
弹
滚走
撞
最后滚走了两颗！
滚走
撞
最后滚走一颗！
滚走
最后一次滚走五颗！
你们“隔山打牛”的
功夫练得很成功！
我们也变成“神力大师”
的弟子了！
哈哈哈
哈哈

奇妙的牛顿摆

“牛顿摆”是科学家发明的科学玩具，它有五颗大小和质量相同的钢球，彼此紧密地排成一条线。把最左边的钢球拉起来再松手，位于最右边的钢球会被弹出，弹出的钢球会回撞让最左边的钢球弹出。如果一次拉两颗钢球再松手，就会让最右边的两颗钢球弹出。质量相等的钢球在直线上碰撞后，速度会交换，并且把力传递到最后的钢球让它弹出，这是个有趣的传动例子。

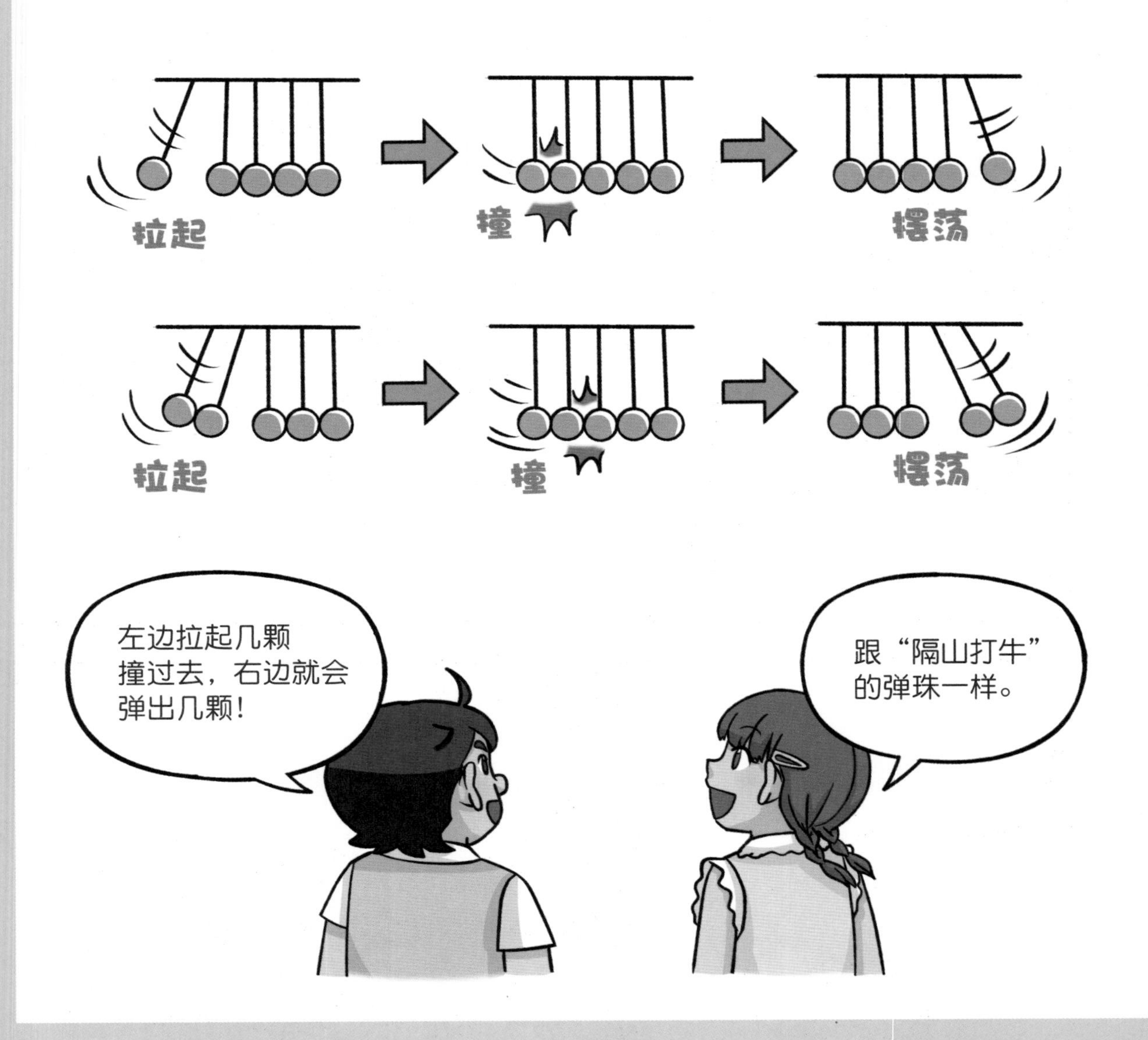

师父！你还有其他的功夫吗？教教我们吧！
好！
我再教你们一招，叫“隔瓶打纸”！
来！这里有一个水瓶！
放上
我把折好的一张小纸片放在水瓶的后面。
你们看我来“发功”，
我可以不碰到水瓶，
将后面的纸推倒。
呵！
出掌！
晃动！
倒！
倒下
啊！纸片真的倒了！好厉害的“如来神掌”啊！

慢着！我觉得是因为老师出手时产生风，风的力量让瓶子后面的纸片倒下。
可是中间有瓶子挡着呀！
可能风会绕过瓶子，让瓶子后面的纸片往后倒。
绕过
你们吹气看看，是不是也可以让瓶子后面的纸片往后倒。
举手
我来吹！
呼——太简单了，
跟大灰狼吹猪大哥的破茅屋一样。
吸
吹气
倒下
呼
什么！太简单了！
去把其他的水瓶都拿来！
如果隔着许多瓶子，纸片还会被吹倒吗？

实验二 “隔瓶吹纸”
这招“隔瓶吹纸”很简单，把水瓶排成一排。
面纸盒或其他立方体物品
水瓶数个
小纸片
纸片放在最后一瓶的后面。
我的肺活量大，我先来吹！
好厉害的大灰狼小钧！
吹
呼
呼
吹过
倒下！

＊注意不要连续吹气，
吹过一阵后请稍加休息再继续，
以免引起头晕不适。

咦？是不是因为水瓶是圆的，吹出的风才能绕过去，
流通
阻挡
面纸盒是方的，像一面墙，所以风会被挡住？
说得对！
有些建筑会设计很多圆柱，会不会有什么目的？
赞！
我知道了！用圆柱可以帮助通风。

那一定要摆成直线吗？如果摆成弧形也可以吗？
哇！好棒的想法！水瓶排列成弧形，风会自动转弯吗？
试试看，要轻轻地持续地吹。

好厉害！纸片被吹倒了！
摆成弧形，风也可以通过！
吹
呼
吹过
飘动
倒下

所以有些建筑的圆柱会交错排列，
可以引导空气流动。

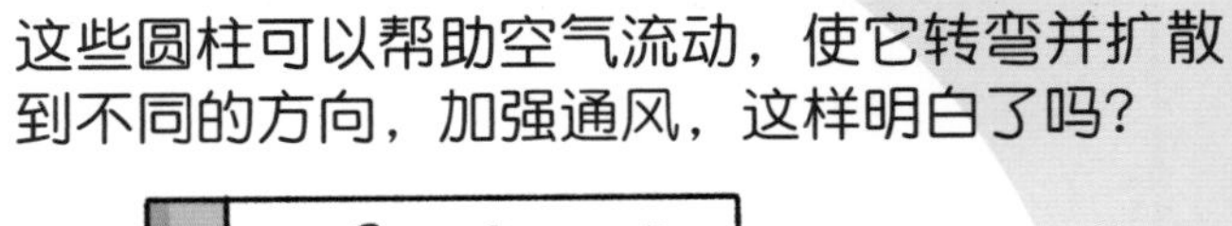

振动也可以传给别人吗?

不是啦！首先我们得有一个“空气炮”。

当当

实验三 “空气炮”
一起来做
“空气炮”！
大气球
小泡沫球
面纸盒
蜡烛
碎纸片
硬纸管
电工胶带
剪刀
打火机

先把大气球从
三分之一处剪断，
剪
剪

气球套进硬纸管，
用胶带固定。
包起
粘

然后捏住气球
往后拉一下，放手！
砰！
好大声！

我的手放在硬纸
管的前面，感觉
有风！
碰
吹
要怎样才知道
是风还是振动？

＊请注意，使用“空气炮”时，不可对着别人发射。

我们来验证刚刚乔乔做的实验。
来！小钧，先抽一张面纸，你拿着它站远一点。
安安你先对着面纸大力吹气看看。
呼——
飘
过了一会儿面纸才微微飘动。
好，现在换成“空气炮”来试试看。
飘
砰！
飘动
面纸立刻就动了。

所以如果是风力，吹气时面纸会缓慢地飘动，
吹
飘动
如果是声音的振动波传递过去，面纸会立即跟着飘动。
砰
飘动
接下来我们用“空气炮”和烛火做实验。
记得有火的实验要小心，要有大人陪同才可以做哦！
放下
老师，你的烛火放这么远！会熄灭吗？
试试看就知道啦！

啊！烛火瞬间熄灭了！
砰！
熄灭！
你们想知道为什么会这样吗？

老师再点一次烛火，你们仔细观察。
晃动
晃动
扇
扇
这样是用手扇的。
再看振动时，烛火有什么不同？
左右跳动
扇
左右来回
用手扇，烛火会被风吹倒向一边。
用手振动，烛火会跟着老师的手左右来回动。
说得好！有振动的现象不一定就传得比较远，这与能量多少有关！
我记得之前上课讨论过，飞机飞过上空时，产生的振动让窗户也跟着嗡嗡振动！
安安举的例子真好。老师还有一招关于振动的功夫，叫“刮刮生风”！要不要试试？
看我“虎虎生风”，
不，是“刮刮生风”！
哈哈
哈哈

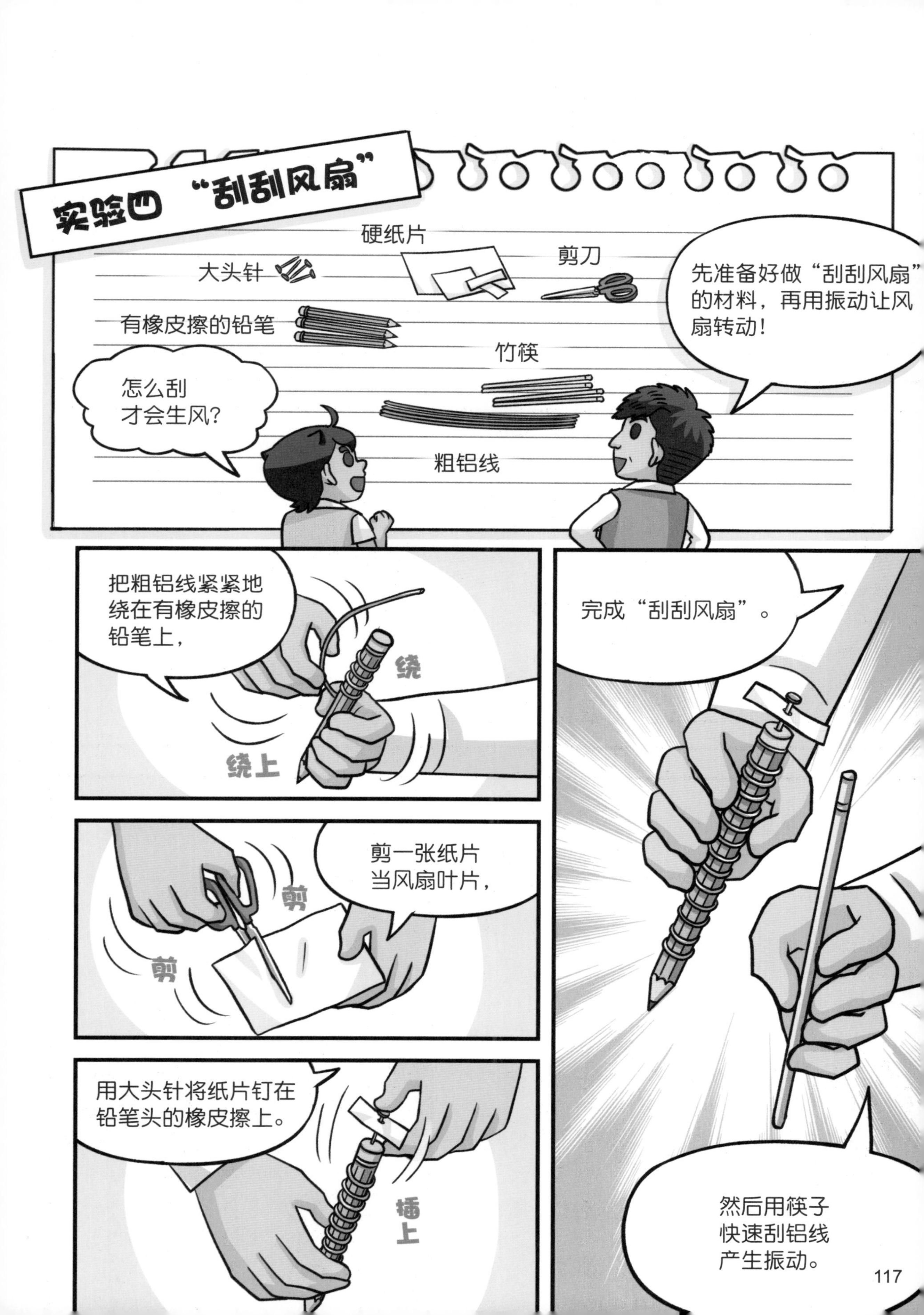
实验四 “刮刮风扇”
硬纸片
大头针
剪刀
有橡皮擦的铅笔
竹筷
粗铝线
先准备好做“刮刮风扇”的材料，再用振动让风扇转动！
怎么刮才会生风？
把粗铝线紧紧地绕在有橡皮擦的铅笔上，
绕
绕上
剪一张纸片当风扇叶片，
剪
剪
用大头针将纸片钉在铅笔头的橡皮擦上。
插上
完成“刮刮风扇”。
然后用筷子快速刮铝线产生振动。

你们自己做做看，
刮到纸片会转的，
就很棒！
有了！
我的纸片会转了。
转
刮
转
刮
我真厉害！

我的风扇怎么不听话，
转不起来，我明明
很努力地刮呀！
刮
转
刮

你要快速地来回刮，
不要停，这样小纸片
就会转起来了！
刮
转
原来如此！

你们听说过车子
开在高速公路上，
突然车轮掉出来吗？
可能先是有个螺帽
没有拧紧，车开动后，
轮胎持续振动，
掉落
掉
结果其他螺帽跟着振动，
越来越松，
就全部脱落了！

咦？怎么突然间
变成刮刮乐队了！

动与不动学问多

小朋友可以观察，身边的物体是怎么动的。比如纸张会飘动，陀螺会转动，秋千会摆动，发动机盖会振动，球会跳动等。还可以进一步思考，是什么让它动的。比如从空中放下一张纸，它会怎么落下？如果把纸放在书上面一起放开，纸张会怎么动呢？

用弹力做玩具

物体有很多种运动的方式，像是刚刚玩的弹珠会滚动，还有哪些不同的运动方式？
我荡秋千的时候，是前后摆动。
水会从高的地方往下流动。
我有一次拉橡皮筋，把纸做的“子弹”射到弟弟头上，这样算吗？
小钧
这样不好啦！
小钧刚刚举的例子里，橡皮筋也是用来蓄积能量、传送动力的好工具。
请你们用橡皮筋做一个擂台玩具，互相挑战。
先在纸上画一个人物，
剪
剪
将它剪下来，
把它粘在木夹上。
粘上

把橡皮筋套在
两罐胶水上，
放入
放入
夹上
夹上
把木夹夹在
橡皮筋上。
擂台赛开始！
PK！
PK！
你们仔细看，
它们是怎么动的！
老师你的大拇指
在后面偷偷动。
我知道，
是手拨转橡皮筋
让木夹上的纸偶
跟着动。
打
打
厉害！
换你们来操作看看。
我不想玩这种
打架的游戏！
嘻嘻
打

那老师带你玩另一种
用弹力带动的游戏，
你可以剪圆纸片
来做纸陀螺。
把纸陀螺嵌进去，
再控制橡皮筋。
转
转
你看，纸陀螺
也可以跟着转！
你们看我做的
纸陀螺！
转
转
转
我也想做！
啊！橡皮筋
断了！
没关系，
断掉的橡皮筋是不是
也可以玩纸陀螺呢？
啊！你的花式陀螺
转得好漂亮！
转
转

机械传动与凸轮结构

刚才我们通过拉扯、扭转释放弹力，让物体产生运动，
想想看，在生活中有这种会相互带动的机械结构吗？
像变形金刚吗？
嗯……可能它内部的构造也有。
是不是像音乐盒那样，转动发条会发出好听的音乐？
或是像自行车的踏板和轮子那样，用脚踩带动轮子转？
踩
带动

没错！像自行车的齿轮和轮轴，这些都是传动的机械。
我们今天先做简单的。
“传动”的特性就是“你先动它才动”。

老师这里有一个玩具，
你们猜猜看，
它是怎么动的？
里面可能有什么机关？
转动旁边的轮子，
上面的玩偶就跟着
上下动。

当当！
秘密在这里！
老师再转一次，
你们来观察看看。
顶起
转过来
转
转
转
哦，
企鹅是被顶上来的！

外面有一个轮子
和一根木棍的机关。
转动轮子，
轴也会跟着动。
转
转
轮
轴

那轴的中间
有什么东西？
有用铝线做的
一个凸起的造型。
这样凸起的机关
有什么作用？

我知道！
当转动轮子时会带动铝线，把上面的圆盘推上去，
顶起
铝线转到下面，圆盘就会掉下来。
掉下
你们最后再仔细观察一次。
转
顶起
转
我发现了，转一圈就跳一次。
这样的机关设计，跟凸轮很类似，
凸轮的意思是在轮子上设计一个凸起，在转动时就可以用这个凸出的地方带动和改变上面物体的位置。
凸轮
原来如此，难怪老师把铝线绕成有点圆圆尖尖的，这样就可以把上面的玩偶顶起来。
没错，那考考你们，刚刚安安说转一圈玩偶会跳一次，那可不可以让它转一圈跳两次？
让一个轮有两个凸起？
太厉害了！

还有一种设计也
可以有相同的效果，
一个洞开在中间，
一个洞在旁边。
你们观察这两个轮子
有什么不一样？
如果把轴分别
穿进轮子里，转动
的结果一样吗？
来，放个纸板，
转动看看，
会怎么样？
转
转
转
纸板不会抬起来。
那换轴心偏一边的
“偏心轮”，
再试试看！
顶起
转
转
转
纸板被顶起来了！
厉害！没错！
所以偏心轮就像凸轮
一样，也可以带动另一个
东西产生上下移动。
现在就请你们动手做做看，
用凸轮结构设计玩具。

①纸盒挖洞 先在纸盒中间剪一个洞，可以看见机关设计。

②瓶盖穿洞，插入竹筷

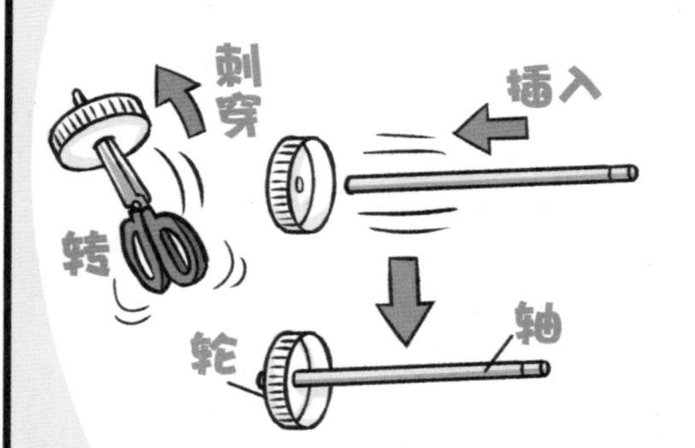

用剪刀将瓶盖穿洞，再插入竹筷，做成轮子和轴。

③设计凸轮结构

用粗铝线弯成凸轮的结构。

④穿入轮轴，固定凸轮铝线

把轮轴穿进盒子里，
装上粗铝线凸轮固定，
穿出纸盒并用橡皮筋固定。

⑤做出起重器

取另一个瓶盖，穿洞固定在竹筷上
当起重器，这是被顶起的结构。

⑥确认起重器位置

把起重器穿过纸盒上方，注意内部
要套上帮助稳定的“冂”形纸板，
瓶盖也要碰得到凸起的铝线。

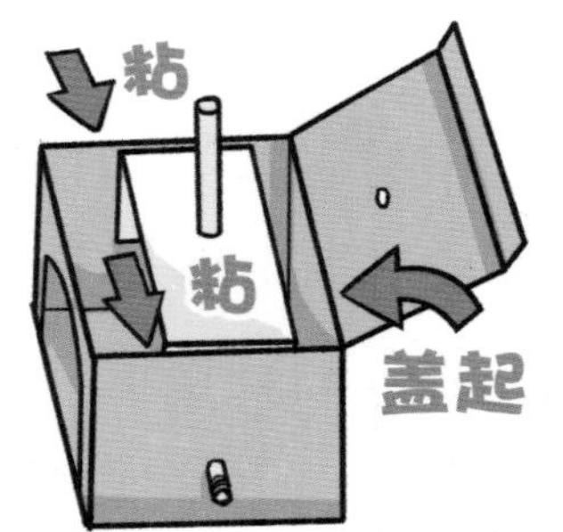

⑦固定“冂”形纸板

确认好起重器的位置后，
将“冂”形纸板粘贴固定。

⑧制作造型玩偶

粘一个螺帽或环形磁铁，
并在上面做造型，
利用起重器来上下运动。

⑨测试调整运作

测试你的凸轮玩具，
并调整让它能顺畅运作。

我想要设计一个
足球运动员抬脚踢球。

我要设计一个
上下飞舞的蝴蝶！

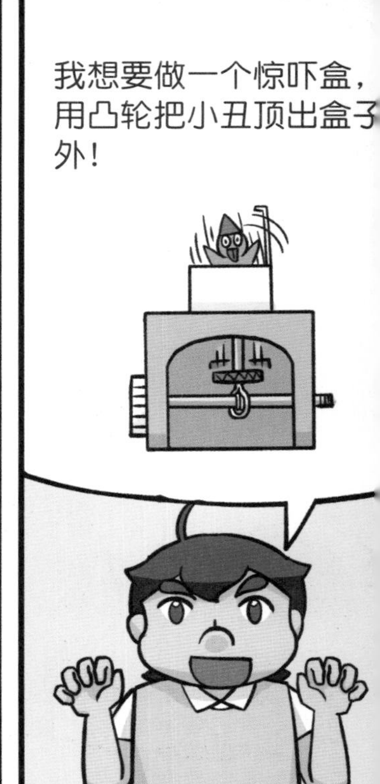
我想要做一个惊吓盒，
用凸轮把小丑顶出盒子
外！

你们的想法
都很好，
来实现你们的
创意吧！

咦？
足球运动员的脚
卡住了，上得去，
下不来。
卡
卡

找找哪里
出问题了，
是纸盒上面的
洞口太小，还是
运动员身上的两
脚钉太紧？
调整细节才是
真功夫。

放入

顶起

哎呀！
我做错了，
我的凸轮位置没在
中间，上面的小丑
被顶得摇摇晃晃！
晃
晃
你这样做
也很好啊！
有些凸轮会故意设
计成偏移的位置，
制造出晃动的效果。

那我的惊奇小丑
就变成摇晃
惊奇小丑啦！
做好了，
一起来玩玩看吧！

认识机械传动

当科学家发现力可以转换与传动后，人们便设计许多机械传动的装置来传递动力。机械传动有不同的机械组合与带动方式，例如链条、皮带、齿轮、凸轮等，再用这样的组合去设计成复杂的机械传动装置。

齿轮传动

钟表可以通过齿轮相互带动来让指针转动。

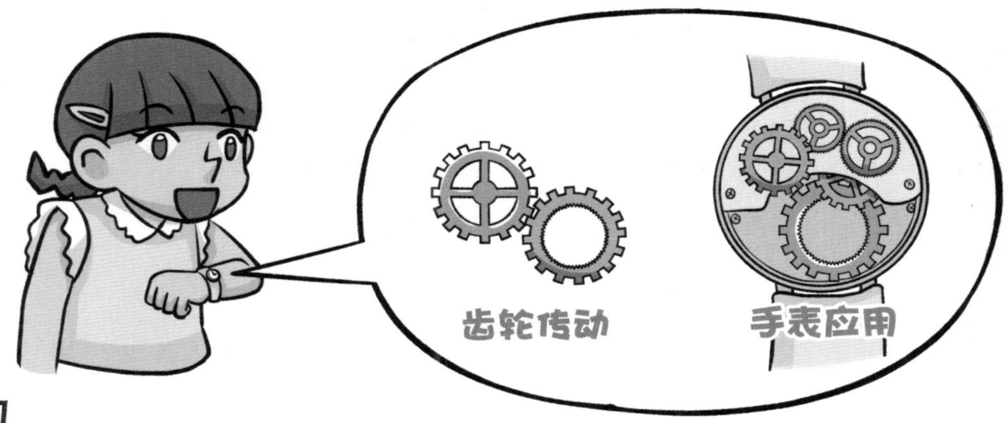

链条传动

自行车是通过脚踩踏板，带动齿轮和链条，
让自行车轮子转动与前进。

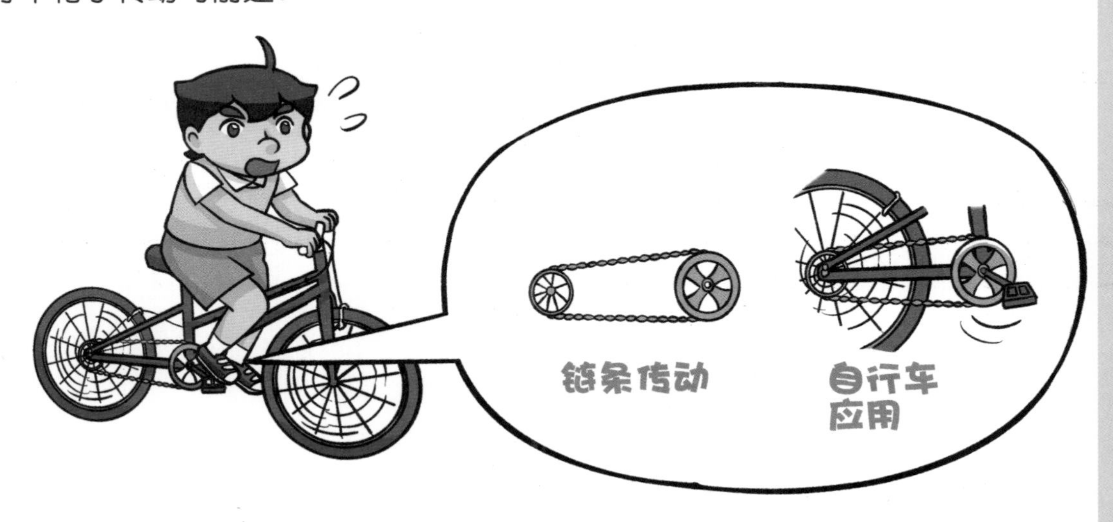

力的传动游戏
好玩吗？
说说看，你们
最喜欢什么游戏？

力的游戏都很好玩，
“空气炮”超厉害，
发出的振动可以瞬间
让烛火熄灭。
砰
熄灭

我觉得“隔山打牛”
最让我惊奇，
原来力可以传送，
一个传一个，
一直传到最后面那一个。
撞
滚走

我喜欢设计
凸轮玩具，
转动铝线凸轮，
运动员就会
抬脚踢球！
转

回家后可以继续
研究有关力与传动
的游戏！

回家后
我将来要盖一座超级
通风的别墅，不管风
从哪一边吹，都可以
吹进屋子里。
设计图

爸爸好厉害！刷新纪录！
我再帮你多摆几瓶！
猛吹

我用凸轮设计一个
“整人”装置，
飞出
绑
缠上
如果有小偷来，
可以吓吓他，
嘿嘿！

课堂笔记

乔乔

今天学了好几种力的传动游戏，虽然我们看不见力，但是可以观察到它会让物体移动，也可以传给别人。我觉得用“空气炮”灭火好奇妙，隔那么远还可以把烛火振熄。“隔瓶吹纸”是用空气流动的原理，隔了好几个水瓶还可以吹倒纸片，我回家要让爸爸来挑战，看他可以隔几个水瓶吹倒纸片。

安安

今天小钧带弹珠来玩，老师就带我们玩“隔山打牛”。只要把弹珠紧密地排在书的中缝，弹珠的动力就可以传送到最后一颗，把排在后面的弹珠碰撞出去，如果发射3颗就会弹出3颗，真好玩！以前我玩过一种叫“牛顿摆”的玩具，把旁边像秋千的珠子拉开后放手，珠子就会一直来回不停地碰撞，很久才会停止，原来它们的原理相同！

小钧

我以为老师有很厉害的功夫，没想到背后其实有科学原理。我知道力是可以传递的，所以才会有“隔山打牛”的神力怪招。力不但可以经过物体再传出去，有时还会彼此互相影响。我喜欢设计凸轮玩具，转动凸轮带动小丑瞬间冲出盒子来吓人。回家要秀“摇晃惊奇小丑”给弟弟看，看他会不会吓一跳！

阿德老师的话：

生活中存在各种力，当这些力改变物体运动状态时，才容易被人发现。牛顿发现万有引力，就是很好的例子。因此阿德老师设计一些活动，让小朋友看见力的作用，再认识力的特性，并观察力是如何传递的，最后通过创意，设法使物体产生运动！

“隔山打牛”的弹珠游戏让人看见力在弹珠间传递，用一颗弹珠弹射时，不管出力大小，在另一边只会撞出一颗弹珠，这就是力学好玩的地方。

力有很多种，像是风力、弹力等。小朋友知道空气的流动会产生风，在吹瓶的实验中，你会看见风可以绕过瓶子将纸片吹倒。欧洲很多古建筑设计了圆柱，除了起支撑作用和让建筑美观，也帮助空气流通。除了风力，我们还用“空气炮”证明了声音的振动波可以振熄烛火。将手掌垂直靠近烛火，或快或慢地来回摆动，也可以看到烛火跟着左右摆动，如果摆动够快速，烛火可能就熄灭了。或许你拿个大鼓来敲一下，就知道振动波的威力！至于弹力的应用大家都很熟悉，橡皮筋结合不同素材，就可以做出好玩的弹力玩具。

我们生活在科技时代，身边充满了机械，小到手表，大到汽车、火车，都和机械传动有关。其中杠杆、轮轴的应用算是基础的。所以阿德老师想到卖麻薯的婆婆手推车上有一个机械玩偶，会一直上下不停地跳动和转动，于是就设计凸轮玩具，带大家体验如何运用力来传动，发挥创意做出一个好玩的玩具！

在科学探索与学习过程中，有想法固然重要，但更重要的是动手实操，让想法付诸实践。请试着让自己成为学习的主人，对事件的观察保有自己的看法和想法，愿意进一步动手做做看，不管成功还是失败，都可以学到更多的知识与能力，让自己更有创意，也让学习成为开心的事！

出 版 人：常　青
艺术总监：张杏如
责任编辑：高海潮
特约编辑：陈晓玲　王才婷
美术编辑：王素莉
责任校对：刘国斌　张建红
责任印制：王　春　袁学团

ADE LAOSHI DE KEXUE JIAOSHI
书　　名：阿德老师的科学教室
CHUANGYI DA TIAOZHAN
创意大挑战
作　　者：廖进德
编　　者：信谊编辑部
绘　　图：樊千睿
出　　版：四川少年儿童出版社
地　　址：成都市锦江区三色路238号
网　　址：http://www.sccph.com.cn
网　　店：http://scsnetcbs.tmall.com
经　　销：新华书店
特约经销商：上海上谊贸易有限公司
地　　址：上海市静安区南京西路1266号恒隆广场二期3906单元
电　　话：86-21-62250452
网　　址：www.xinyituhuashu.com
印　　刷：上海当纳利印刷有限公司
成品尺寸：260mm×187mm
开　　本：16
印　　张：8.5
字　　数：170千
版　　次：2023年2月第1版
印　　次：2023年2月第1次印刷
书　　号：ISBN 978-7-5728-0871-5
定　　价：299.00元（全5册）

图书在版编目（CIP）数据

创意大挑战 / 信谊编辑部编；樊千睿绘.— 成都：
四川少年儿童出版社，2022.9
（信谊 阿德老师的科学教室；5）
ISBN 978-7-5728-0871-5

Ⅰ. ①创… Ⅱ. ①信… ②樊… Ⅲ. ①科学知识—少
儿读物 Ⅳ. ①N49

中国版本图书馆CIP数据核字(2022)第155282号